Vor öffnen der Scharte
oder des Sehschlitzes
Licht aus!

Der Westwall

Jörg Fuhrmeister

Der Westwall

Geschichte und Gegenwart

Weltbild

Fotonachweis
Frank Albrecht (FA)
Frank Dignaß (FD)
Till Kiener (TK)
Jürgen Kraft (JK)
Friedrich Wein (FW)
Nachlass Adam Heumüller
Nachlass Jürgen Leinenbach
Sammlung Jörg Fuhrmeister

Zeichnungen
Robert Jurga (RJ), Boryszyn 33,
PL-66218 Lubza.
Martin Büren (MB), Dortmund.

Die teilweise geminderte Bildqualität ist auf das Alter der Abbildungen und die Umstände ihres Entstehens zurückzuführen.

Eine Haftung des Autors oder des Verlages und einer seiner Beauftragten für Personen, Sach- und Vermögensschäde ist ausgesschlossen.

Genehmigte Lizenzausgabe für Verlagsgruppe Weltbild GmbH,
Steinerne Furt, 86167 Augsburg

Lektorat: Martin Benz / Ariane v.d. Haar
Innengestaltung: Viktor Stern
Umschlaggestaltung: Uhlig, Augsburg / www.coverdesign.net
Umschlagmotive: Vorlagen aus dem Archiv des Verfassers und zwei Zeichnungen von Robert Jurga
Gesamtherstellung: Firmengruppe APPL, aprinta druck, Wemding

Printed in the EU

ISBN 978-3-8289-0892-5

2012 2011 2010 2009
Die letzte Jahreszahl gibt die aktuelle Lizenzausgabe an.

Einkaufen im Internet: *www.weltbild.de*

Inhalt

Vorwort

Die deutsche Propaganda rückte 1938 die deutschen Westbefestigungen, im Volksmund »Westwall« genannt, in das Interesse der Weltöffentlichkeit. »Der stärkste Wall aller Zeiten«, Zitat Adolf Hitlers, sollte aller Welt demonstrieren, dass auch im Deutschen Reich eine Landesbefestigung im Entstehen begriffen war, die alle anderen bisher in Europa errichteten in den Schatten stellen konnte. Die Wirklichkeit zeigte aber ein sehr viel nüchterneres Bild dieses Walles. Von Materialknappheit betroffen, von ständigen Änderungen in Planung und Bau zermürbt, entstand von Basel im Süden bis Kleve im Norden ein Sammelsurium von mehr als 18.000 Bunkern, Hohlgängen und Sperren aller Art, in fünf verschiedenen Bauperioden von 1936 bis 1940 und sechs verschiedenen Ausbaustufen.

Anfang September 1939 war der Westwall die größte Baustelle Europas. Die Wehrmacht war noch im Aufbau begriffen und kaum in der Lage, gegen die alliierten französischen und britischen Armeen eine Baustelle zu halten. In Frankreich verspürte man aber– trotz der Kriegserklärung an Deutschland vom 3. September – keine Angriffslust und verschanzte sich lieber in und hinter der Ostbefestigung, der so genannten Maginot-Linie (nach dem ehemaligen französischen Kriegsminister benannt, unter dem sie in den 20er- und 30er-Jahren entstand). Auch die deutsche Westwall-Propaganda leistete ihren Beitrag dazu, dem Gegner die Botschaft zu vermitteln, besser doch nicht anzugreifen.

Von 1946 bis 1950 systematisch in die Luft gejagt, und von 1956 bis heute kontinuierlich beseitigt, sind nur noch wenige sichtbare Reste den nachfolgenden Generationen als Mahnmale der letzten permanenten deutschen Landesbefestigung erhalten geblieben.

Diese zusammenfassende Darstellung will – so weit dies im gegebenen Umfang möglich ist – in Wort und Bild ihre Geschichte und ihre Gegenwart dokumentieren. Das besondere Augenmerk richtet sich dabei auf die unterschiedlichen Bauten (Regelbauten), die in ihrer Gesamtheit ja das Bild des Westwalls prägten. So bietet das Werk dem Festungsforscher einen in dieser Form neuen und mit bisher unveröffentlichtem Bildmaterial unterlegten Überblick, dem interessierten Leser ohne Vorkenntnisse außerdem viele fesselnde Details zu Geschichte und Architektur der größten deutschen Festungslinie.

Blieskastel, im Januar 2003
Jörg Fuhrmeister

Zur Geschichte der Wehr- und Schutzbauten

Seit es Menschen gibt, verspürten sie ein Schutzbedürfnis. Die Angst vor wilden Tieren oder vor Artgenossen weckte den Urinstinkt nach Schutz und Sicherheit. Mit der sich ständig vergrößernden Population entstanden Siedlungen und Städte, die durch Mauern und Gräben gesichert wurden. Die älteste Befestigung dieser Art, das angeblich mit schräger Blechmusik zu Fall gebrachte Jericho in Palästina, wird in die Zeit um 6800 v. Chr. eingeordnet.

Die längste Befestigungsanlage der Welt kennt jedes Kind: Die ab 221 v.Chr. hochgezogene *Chinesische Mauer*; im Übrigen das einzige menschliche Bauwerk, das vom Mond aus noch mit bloßem Auge zu erkennen ist, wenn man amerikanischen Astronauten glauben darf. In mehreren Jahrhunderten verlängert und erweitert, wuchs sie auf eine Länge von knapp 2500 km an! Einzelne Teile stammen sogar schon aus dem 4. Jahrhundert v.Chr.

Nicht weniger bekannt ist der rund 550 km lange *Limes*, den die römische Besatzungsmacht ab 200 n.Chr. als Grenzwall gegen von Norden und Osten vordringende germanische Stämme in Süddeutschland errichtete; oder die *Hadrians-* und *Antoniuswälle* in Großbritannien, die das Imperium vor keltischen Völkerschaften schützen sollten.

Mit Einführung des Schwarzpulvers in Europa im 13. Jahrhundert beschleunigte sich der Wettlauf zwischen Angriffswaffen und Befestigungen.

Die Festungen des Mittelalters waren neben den Burgen die von mächtigen Ringmauern umgebenen Städte, denen im 16., 17. und 18. Jahrhundert kunstvoll angelegte und mit Geschützen bestückte Festungssysteme folgten. Nicht zu vergessen die Ära der aus Ziegeln errichteten Forts des 19. Jahrhunderts, denen erst die nicht mehr mit Schwarzpulver, sondern mit wesentlich zerstörwirksamerem Nitropulver gefüllte *Brisanzgranate* ein Ende bereitete. Diese entschied den alten Wettlauf zwischen Angriffswaffen und Befestigungen zunächst einmal für sich – bis zu Beginn des 20. Jahrhunderts der *Beton* Einzug in den Festungsbau hielt.

Dieser Werkstoff bescherte dem Befestigungswesen vor und vor allem nach dem Ersten Weltkrieg eine Hochzeit, in erster Linie in Form des Metall-verstärkten, »armierten« *Eisenbetons.* Bis heute werden militärische Anlagen, die einer besonderen Schutzstufe unterliegen, in *Stahlbeton* gegossen, ebenso wie Schutzanlagen für die Zivilbevölkerung.

In den 20er- bis Ende der 30er-Jahren des 20. Jahrhunderts wurde so in Europa allerorten mit dem Bau mehr oder weniger mächtiger Beton-Festungsgürtel begonnen: Es entstanden die *Maginot-Linie* in Frankreich, die *Weygand-Linie* in Belgien (mit dem bekannten Sperrfort Eben-Emael, das deutsche Fallschirmpioniere 1940 eroberten), die *Metaxas-Linie* in Griechenland, die *Benesch-Linie* in der Tschechoslowakei, die *Mannerheim-Linie* in Finnland, die sowjetische *Molotow-Linie* in Ostpolen (ab 1939), die *Stalin-Linie* in Russland und schließlich der *Westwall* in Deutschland. Nicht unerwähnt bleiben darf in diesem Zusammenhang der gegen

Beispiele deutscher Beton-Festungen vor 1900

Zum Festungsgürtel des deutschen Kaiserreiches gehörte die Feste Kaiser Wilhelm II in Mutzig im Elsass: 10 cm Schirmlafettenbatterie (Aufnahme 1995).

Feste Kronprinz in Metz: 15 cm-Haubitzturmbatterie (Aufnahme 1990).

Moderne Festungsanlagen, die in den 1920er- und 30er-Jahren im benachbarten Ausland entstanden.

Oben: Haupteingang des belgischen Forts Eben Emael mit 6 cm-Pak nach der Eroberung durch deutsche Fallschirmpioniere, Juni 1940.

Haupteingang Fort Eben Emael, Gesamtansicht Juni 1940.

Bunker der tschechischen *Benesch-Linie* bei Schattau im Sudetenland (1938). Archiv Benz

Bunker der griechischen *Metaxas-Linie* (1941). Archiv Kaltenegger

eine alliierte Invasion errichtete deutsche *Atlantikwall* an der französischen Küste, der sich von der spanischen Grenze über Belgien, Holland, Deutschland, Dänemark bis zum Nordkap in Norwegen erstrecken sollte und den Westwall in Länge und Ausstattung bei weitem übertraf.

Ein weiteres Land, dessen naturräumliche Gegebenheiten sich ideal für die Anlage von Befestigungen eigneten, war ebenfalls eifrig am Bauen: Die Schweiz dehnte ihre bereits vorhandenen Befestigungen in großem Rahmen aus, bzw. ergänzte sie durch neue Werke, die z.T. bis in unsere Tage Teil der Landesverteidigung geblieben sind. Die Eidgenossenschaft ist, wenn man so will, bis heute der Welt größte Festung geblieben.

Die Befestigungslinien der kriegführenden Länder des Zweiten Weltkriegs konnten letztlich ihrer militärischen Bestimmung nicht gerecht werden – sie wurden vom jeweiligen Angreifer umgangen oder durchstoßen und hielten den Gegner allenfalls für kurze Zeit auf. Ihre propagandistisch-strategische Wirkung war wesentlich höher als ihre militärisch-taktische – man denke nur an die nur auf dem Papier vorhandene deutsche *Alpenfestung*, deren Vorhandensein die Alliierten 1945 als Tatsache annahmen und die ihre Offensiv-Strategie wesentlich beeinflusste.

Wie erst vor wenigen Jahren bekannt wurde, setzte selbst die NATO noch auf Bunkerlinien. Ab den 50er-Jahren wurde der *Vallo Alpino* in Italien,

Bunker der sowjetischen *Stalin-Linie* nach der Einnahme (1942). Archiv Kaltenegger

eine bereits vorhandene Festungslinie, mit rund 200 neuen Bauten sowie moderner Ausrüstung und Bewaffnung verstärkt, um einen eventuellen Angriff des Warschauer Paktes in die weiche Flanke Europas aufhalten bzw. verzögern zu helfen.

Die kleine Werkgruppe Rohrbach der französischen *Maginot-Linie*, Block 1 (1984).

Artilleriewerk Reuenthal, Schweiz: MG und Beobachtungsbunker (1989).

Artilleriewerk Reuenthal, Schweiz: Geschützstand mit 7,5 cm-Kanone (1989).

Festungen, Burgen und Bunker liegen landschaftlich oft sehr reizvoll. Bedingt durch ihre strategisch-taktische Position, ihre Form und Architektur, ihre starken Mauern und Wälle, fesseln sie den Blick der Reisenden und Besucher. Es sind die sicht- und erlebbaren Zeugen jener Epochen, in denen sie entstanden, sie spiegeln Baukunst und Macht ihrer Erbauer wieder.

Die Reste des Westwalls sind die Zeugen der letzten und größten Landesbefestigung Deutschlands. Sie sind gleichermaßen sichtbarer Ausdruck der Militärbaukunst jener Zeit und Mahnmale zum Frieden, die aus vielerlei Gründen der Nachwelt und künftigen Generationen erhalten bleiben sollten, ja müssen.

Die Entwicklung des deutschen Festungsbaus nach 1920

Nach dem Ersten Weltkrieg verlor das Deutsche Reich seine modernen Befestigungen. Der Versailler Vertrag bestimmte, dass die neuzeitlichen Festungsanlagen auf Reichsgebiet zerstört werden mussten. Elsass-Lothringen fiel an Frankreich und damit auch der größte Teil der Westbefestigungen. Lediglich ein paar veraltete Festungen durften erhalten bleiben. Ein Neubau von Befestigungen wurde verboten! Fünf kleine Bunker, die 1925 an der Ostgrenze errichtet wurden, mussten zwei Jahre später wieder abgebrochen werden. Nach einer Sondergenehmigung der Siegermächte von 1927 durften 1929 wieder kleine Bunker errichtet werden. Das Budget für die Festungspioniere der Reichswehr fiel aus diesem Grund sehr bescheiden aus und die Festungsbautätigkeit zwischen 1929 bis 1933 beschränkte sich auf wenige kleine Anlagen. Ab 1932 führte die Reichswehr die so genannte *Ausbaustufe B1* ein, das heißt genau definierte Bauten mit 1 m Wand- und 80 cm Deckenstärke.

Die Geburtsstunde der neuen Festungspionierorganisation schlug am 2. August 1934, nach dem Tod des Reichspräsidenten, Generalfeldmarschall Paul von Hindenburg, und der Vereidigung der Reichswehr auf den *Führer* und Reichskanzler Adolf Hitler. Dieser betrieb die Reversion des Versailler Vertrages, unter anderem in Form einer allgemeinen Aufrüstung Deutschlands. Diese schloss den Bau von größeren Befestigungslinien im Osten und Westen des Deutschen Reichs ein. Zur organisatorischen Umsetzung dieser Maßnahmen richtete die Reichswehr *Inspektionen der Ost- und Westbefestigungen* ein. Ab 1934 entstanden völlig neue Festungspanzerbauteile, teils in Eigenentwicklung der *Abteilung 5* des so genannten *Waffenprüfamtes (WaPrüf 5),* teils als Folge entsprechender Aufträge an die Stahlindustrie, wobei die Firma Krupp eine führende Rolle einnahm.

Eine deutliche Verbesserung in der Planung und Vorhaltung von Baumaterialien und Bauteilen brachte die Einführung so genannter *Regelbauten*: Ab 1935 wurden die Bunker in einheitlicher Bauweise errichtet, wobei die Innenraumaufteilung bindend war. Bei der Außengestaltung hatten die Festungspioniere freie Hand. Die Bauausführung oblag zivilen Baufirmen, die von den Festungspionierstäben überwacht wurden.

Massierung französischer Kräfte im Grenzraum zu Deutschland. Die rot schraffierte Zone stellt das entmilitarisierte Rheinland dar. Deutsches Plakat aus den 20er- oder der ersten Hälfte der 30er-Jahre.

Wer braucht Sicherheit im Westen?

Die Kräfteverteilung an der deutschen Westgrenze nach dem Friedensstand.

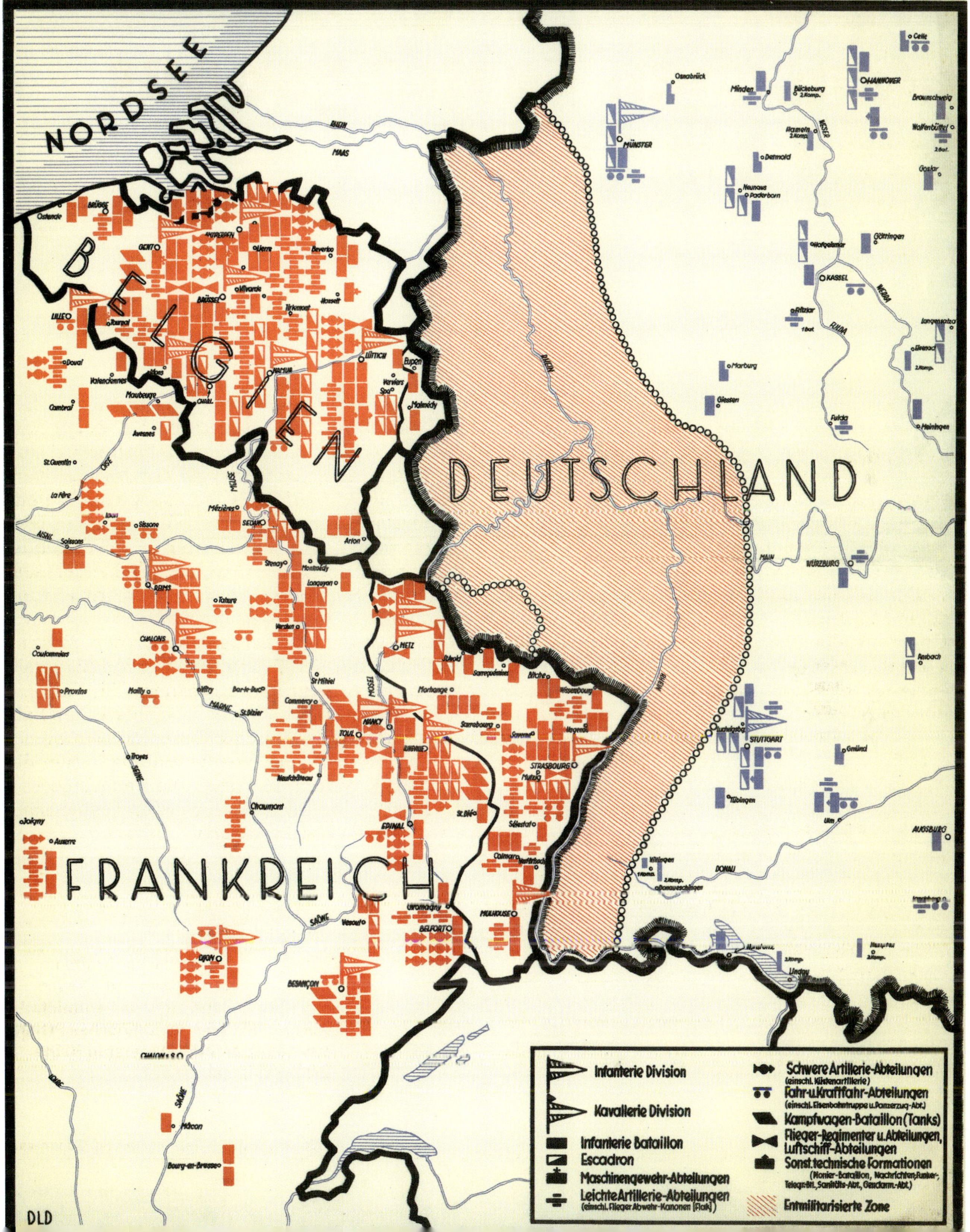

Die Organisation des deutschen Festungsbaus 1920 bis 1933

Nach dem Ersten Weltkrieg wurden die Fortifikationen in *Festungsbauverwaltungen* umbenannt. Diese wurden vom jeweiligen 1. Pionieroffizier eines Wehrkreises geleitet. Ab 1920 war der *Chef der Heeresleitung* im Reichswehrministerium mit der *Pionierinspektion V* für die Belange der Landesbefestigung zuständig, der bis 1934 auch für die Marinebefestigungen verantwortlich zeichnete. Innerhalb der Pioniertruppe war der *Inspizient für Festungsbauwesen* von 1932 bis 1934 für die Belange der Festungspioniere verantwortlich.

32 Heeresoffiziere, davon acht im Stabsdienst, standen vor 1932 im Festungsbaudienst. Ab 1929 wurden an der Pionierschule München wieder Lehrgänge für junge Festungspionieroffiziere eingeführt, die in neun Monaten eine bautechnische Ausbildung erhielten. Nach dem Studium des Bauingenieurwesens in der mittleren Laufbahn konnten sie nach dem Examen als so genannte *Festungsbaufeldwebel* eingesetzt werden. Eine Übernahme als Festungsbau-Beamter erforderte eine erfolgreiche Aufnahmeprüfung. Im gehobenen Dienst konnten Ränge bis zum Oberstleutnant erreicht werden. Um den Bau und die Instandhaltung bzw. -setzung von Festungsanlagen innerhalb der Wehrkreise kümmerten sich die *Festungskommandanturen*, die damit die wesentlichsten Stützen des Festungsbaus in der Organisation der Landesverteidigung darstellten.

Gruppenaufnahme der Offiziere (sitzend), Unteroffiziere und Mannschaften der Festungspioniertruppe 1938.

Festungskommandanturen 1920 bis 1933

1. Reichsheer

Wehrkreiskommando I	**Königsberg Ostpreußen**
Festungskommandantur I	Königsberg Lötzen mit Ortelsburg Insterburg Marienburg
Wehrkreiskommando II	**Stettin**
Festungskommandantur II	Neustettin Deutsch Krone
Wehrkreiskommando III	**Berlin**
Festungskommandantur III	Küstrin
Wehrkreiskommando IV	**Glogau**
Festungskommandantur IV	Breslau Glatz Oppeln
Wehrkreiskommando V	**Stuttgart**
Festungskommandantur V	Ulm (bis 1932)
Wehrkreiskommando VII	**München**
Festungskommandantur VII	Ingolstadt (bis 1932)

2. Reichsmarine

Marinestationskommando Nordsee	**Wilhelmshaven**
Festungskommandantur	Weser-Ems-Mündung
Marinestationskommando Ostsee	**Kiel**
Festungskommandantur	Swinemünde Pillau

Gliederung der Festungspionierorganisation ab 1934

Inspektor der Pioniere und Festungen
Inspektion der Festungen (In Fest) Berlin Karlshorst

Inspektion der Ostbefestigungen (Berlin)

Festungsinspektion I	**Königsberg**
Fest Pi Stab 1	Königsberg
Fest Pi Stab 2	Königsberg
Fest Pi Stab 3	Lötzen
Festungsinspektion II	**Deutsch-Krone**
Fest Pi Stab 4	Deutsch-Krone
Fest Pi Stab 5	Neustettin
Festungsinspektion III	**Küstrin**
Fest Pi Stab 6	Küstrin
Fest Pi Stab 7	Küstrin
Festungsinspektion IV	**Glogau**
Fest Pi Stab 8	Breslau
Fest Pi Stab 9	Glogau

Inspektion der Westbefestigungen (Berlin, 1936 in Wiesbaden)

Festungsinspektion V	**Heilbronn**
Fest Pi Stab 10	Heilbronn
Fest Pi Stab 11	Karlsruhe
Fest Pi Stab 12	Ludwigsburg
Festungsinspektion VI	**Aschaffenburg**
Fest Pi Stab 13	Büdingen
Fest Pi Stab 14	Aschaffenburg
Fest Pi Stab 15	Miltenberg
Fest Pi Stab 16	Weiden

Stand vom 31. 07. 1936

Ausbauformen und -stufen der Landesbefestigung

Die Festungspioniere unterschieden die Bauwerke nach ihrer Funktion und Ausbaustärke in drei Ausbauformen:

1. Der Festungsbau

Als stärkste Form der Landesbefestigung sollte ein *Festungskampffeld* oder eine *Festungsfront* Angriffen für eine unbegrenzte Zeit widerstehen, ohne »offenen« Einsatz von Truppen, sprich Felddivisionen. *Festungsfronten* charakterisierte eine tiefe Staffelung von Festungswerken und Werkgruppen, die mit so genannten *Festungssonderwaffen* ausgestattet und durch kilometerlange Hohlgänge miteinander verbunden waren. Der hohe Einsatz von Beton und Panzerbauteilen, Kosten und Bauzeiten schränkten diese Ausbauform natürlich auf wenige wichtige Abschnitte ein. Die so genannte *Ausbaustufe A* mit Wand- und Deckenstärken von 3,5 m sollte die Regelstärke sein.

2. Der Stellungsausbau

Als mittelstarke Ausbauform sollte eine geschlossene Feuerfront aus MG-Ständen den Felddivisionen helfen, einen planmäßig geführten Angriff über eine beschränkte Zeit abwehren. In der Stellung standen vier bis sechs Kampfstände der *Ausbaustufen B alt* und *B neu* pro km zur Verfügung.

3. Der Sperrausbau

Diese leichte Ausbauform sicherte stützpunktartig wichtige Straßen und Flussübergänge. Es wurde keine durchgehende Feuerfront erreicht. Ein Kampfstand der *Ausbaustufe D, C* (und selten *B1*) kam auf einen Kilometer oder weniger. Hier sollte kurze Zeit gegen einen schwachen Gegner gehalten und sein Vordringen verzögert werden.

Hinweisschild an der »Roten Zone«. Dies war das von der Zivilbevölkerung geräumte Gebiet des Westwalls, September 1939.

Ausbaustufen der Westbefestigungen

Ausbaustärke	sicher gegen	Decke / Wände	Anzahl aller Anlagen in %
A	Massentreffer 52 cm-Artilleriemunition oder 1800 kg-Bombe auf Decke oder 500 kg-Bombe auf Wände	3,5 m	2
B neu ab 24.12.1938	Massentreffer 21 cm oder Einzeltreffer 28 cm. 500 kg-Bombe auf Decke oder 100 kg-Bombe auf Wände	2,0m	11
B alt bis 23.12.1938	Massentreffer 15 cm oder Einzeltreffer 21 cm	1,5 m	82
B 1	Massentreffer 10,5 cm aus 3,5 km Entfernung	0,8–1,0 m	82
C	Splittersicher MG-Punktfeuer, 500 Schuss aus 250 m	0,6 m	3
D bis 16.06.1938	Splittersicher Gewehr- und MG-Streufeuer	0,3 m	2

Die Ausbaustufen geben die geforderte Sicherheit gegen Beschuss und die Wand- bzw. Deckenstärke der Bunker an.

Auch die Verarbeitung und Zusammensetzung des Betons war genau geregelt und erfolgte nach der *Betonieranleitung* vom 24.05.1936 in der *Vorschrift für den Bau ständiger Befestigungen BstB Teil sechs.*

Bis zu Temperaturen von minus zwei Grad konnte der Beton verarbeitet werden. Es handelte sich um Kies- und Splittbeton mit 400 kg Portlandzement pro m³. Die Einbringung erfolgte in so genannter *abgestufter Sieblinie*, wobei eine *kubische Armierung* mit 12 mm Rundeisen im Abstand von 20 bis 25 cm für Festigkeit und Zusammenhalt sorgte. Die Decke der Räume trugen bzw. verstärkten Doppel-T-Träger in verschiedenen Normprofilen, je nach Ausbaustufe. Als Abplatzschutz nach innen (bei Beschuss) wurden 3 mm dicke Stahlbleche zwischen die Träger eingelegt.

Von jedem Bauwerk nahmen die Festungspioniere so genannte *Würfelproben*. Die Prüfwürfel mussten nach 28 Tagen eine Festigkeit von 350 kg/cm² aufweisen.

Die Vorläufer des Westwalls

Der Ettlinger Riegel

Im Jahre 1936 entstand der Ettlinger Riegel als erste stellungsmäßige Verteidigungsanlage am Oberrhein. Dieser sollte einen französischen Angriff aus der Weissenburger Senke heraus über den Rhein in Richtung Kraichgau verhindern. Zahlreiche MG-Stände leichterer Bauart bildeten eine so genannte *Geripp-Stellung* in stellungsmäßigem Ausbau. Die MG-Stände wurden durch bis zu 20 m breite Wassergräben und Infanteriehindernisse gesichert.

Die Neckar-Enz Stellung

von Till Kiener

Nach dem Ersten Weltkrieg verlor das Deutsche Reich durch Gebietsabtretungen und Schleifungen alle grenznahen Befestigungen im Westen. Erhalten blieben lediglich die alten Bundesfestungen in Ingolstadt und Ulm. Außerdem schränkten die Bestimmungen des Versailler Vertrages, vor allem durch die Einrichtung einer Sicherungszone, die Planungen neuer Befestigungen stark ein. Nichtsdestoweniger begannen die verantwortlichen Stellen in Deutschland bereits 1919 mit Planungen neuer Befestigungsanlagen. Allerdings beschränkten sich diese auf theoretische Studien über immer neue Befestigungslinien und Rückhaltelinien. Erst 1934 begann die Reichswehr mit der Aufstellung von *Festungsdienststellen* in Heilbronn und Ludwigsburg mit der praktischen Umsetzung.

Zur Sperrung des Kraichgaus sollte zwischen Odenwald und Schwarzwald entlang der Flüsse Neckar und Enz eine Stellung entstehen. Eine Befestigungslinie dieser Art hatte gegenüber dem Bau von eigentlichen Festungen die Vorteile einer kurzen Bau- und Planungszeit und geringer Kosten. Zusammen mit der *Wetterau-Main-Tauber-Stellung* und der *Bayrisch-Tschechischen-Grenzstellung* sollte die Neckar-Enz-Stellung die Abtrennung Süddeutschland im Falle eines raschen Vorstoßes eines Angreifers von Frankreich heraus in Richtung Tschechoslowakei – womit die Reichswehr im Falle einer neuerlichen militärischen Auseinandersetzung rechnen musste – vom restlichen Deutschen Reich verhindern.

Nach umfangreichen Geländeerkundungen, Bauausschreibungen und der Beschaffung der Bauplätze begann im Frühjahr 1935 die Bauphase. Zunächst entstanden zwischen Bad Friedrichshall und dem Dorf Unterriexingen an der Enz außerhalb der 50 km tiefen entmilitarisierten Zone erste Bauwerke.

Nachdem die Reichsregierung den Versailler Vertrag 1936 gekündigt hatte, konnte mit dem Ausbau der Neckar-Enz-Stellung zwischen Bad Friedrichhall und Eberbach am Neckar begonnen werden. 1937 erfolgte die Verlängerung der Stellung im Süden bis nach Enzweihingen bei Vaihingen/Enz. Insgesamt entstanden bis zum Frühjahr 1938 auf einer Länge von etwa 90 km 450 Bau-

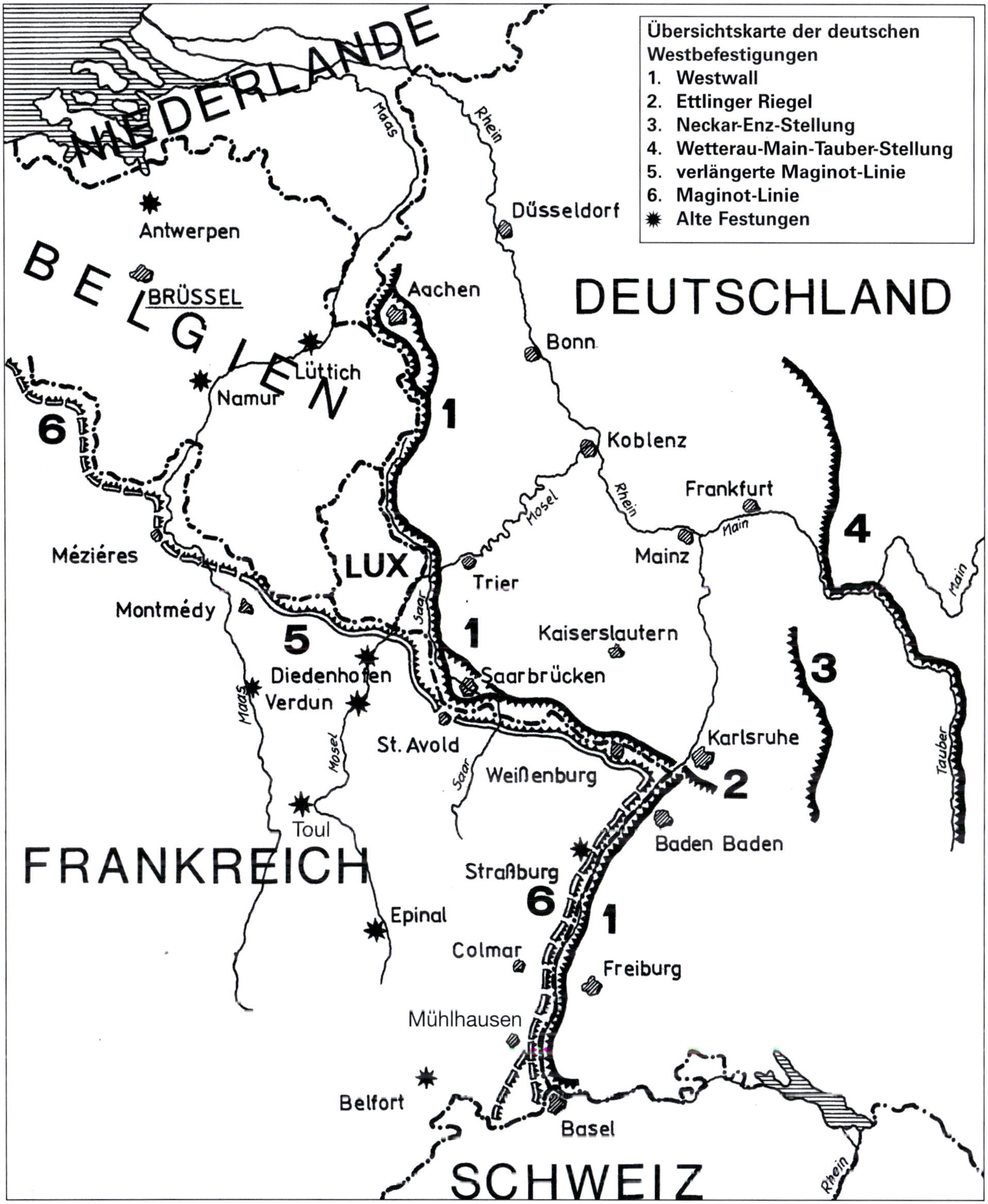
Übersichtskarte der deutschen Westbefestigungen
1. Westwall
2. Ettlinger Riegel
3. Neckar-Enz-Stellung
4. Wetterau-Main-Tauber-Stellung
5. verlängerte Maginot-Linie
6. Maginot-Linie
Alte Festungen
NIEDERLANDE
BELGIEN
DEUTSCHLAND
FRANKREICH
SCHWEIZ
LUX
Antwerpen
BRÜSSEL
Lüttich
Namur
Aachen
Düsseldorf
Bonn
Koblenz
Frankfurt
Mainz
Trier
Kaiserslautern
Saarbrücken
Karlsruhe
Baden Baden
Mézières
Montmédy
Diedenhofen
Verdun
St. Avold
Weißenburg
Toul
Straßburg
Epinal
Colmar
Freiburg
Mühlhausen
Belfort
Basel
Maas
Rhein
Mosel
Saar
Main
Tauber
1
2
3
4
5
6

Hinweis für diese und alle folgenden Zeichnungen:
Die Erklärung der Ziffern und Symbole findet sich auf den Seiten 177 und 178.

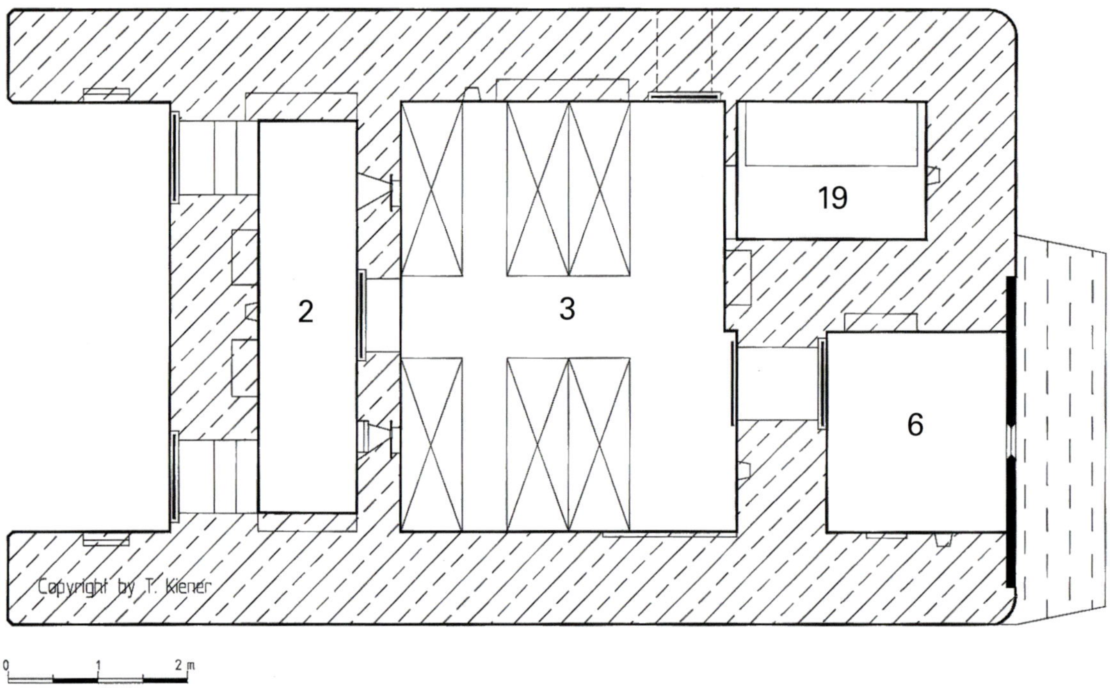

Neckar-Enz-Stellung: Grundriss eines *MG-Schartenstandes mit Gruppe* in der Ausbaustufe B1 von 1935.
Zeichnung: T. Kiener

werke. Teilweise war der Bau von künstlichen Panzerhindernissen notwendig, da die Stellungslinie aus strategischen Überlegungen einige Male von den natürlichen Gewässerhindernissen Neckar und Enz abgesetzt wurde. Der Großteil der Bunker bestand aus MG-Schartenständen mit oder ohne Raum für eine Infanterie-Gruppe. Die schweren Maschinengewehre sollten das vorliegende Flusshindernis überwachen bzw. mit flankierendem Feuer decken. Einige Kampfbunker mit Zwei-, Drei- oder Sechsschartenpanzertürmen vervollständigten den Schutz des Flusshindernisses. In etwa 70 Unterständen waren Kommandostellen und Reserven untergebracht.

Von besonderer Wichtigkeit waren die Artilleriebeobachter, die über ein Festungsfernsprechnetz aus den Kommandobunkern das Feuer der Feldartillerie lenkten, die kilometerweit hinter der Bunkerlinie im Bedarfsfall vorgesehene Feuerstellungen bezog. Generell waren alle Bauwerke untereinander über das Festungskabelnetz verbunden. So konnten im Verbund Ziele bekämpft und die Artillerie im Hinterland aus vorderster Stellung mit in das Gefecht einbezogen werden.

Komplettiert wurde die Stellung durch Scheinanlagen. Diese Bauwerke sollten den Anschein einer stärkeren Befestigung erwecken, dienten aber auch als Wechselstellungen und Beobachtungsstellen.

Die Besetzung und Verteidigung der Bunkerlinie im Kriegsfall sollten reguläre Infanteriedivisionen übernehmen. Speziell ausgebildete

Festungstruppen waren nicht notwendig, da alle Bauwerke zur Verteidigung mit den üblichen Infanterie-Waffen eingerichtet waren. Vor einem drohenden Angriff sollten zusätzliche Infanteriehindernisse und Erdstellungen zwischen den Bauwerken angelegt werden. Baumaterial und Gerät stand in so genannten *Armierungsschuppen* bereit.

Nach Abschluss der Arbeiten rückte die Neckar-Enz-Stellung sozusagen ins zweite Glied. Beim Bau des Westwalls entstanden außerdem Engpässe, die die Planer durch Abgabe von Material aus den rückwärtigen Stellungen auszugleichen versuchten. Als sich im Frühjahr 1945 schließlich die Front der Neckar-Enz-Stellung näherte, waren alle Armierungsschuppen leer und die Bauwerke teilweise ihrer Einrichtungen beraubt. Außerdem waren beinahe alle künstlichen Panzer- und Infanteriehindernisse abgebaut. Zudem erlaubte die militärische Lage die Besetzung des Nordteils der Stellung nicht. Bedingt durch den schnellen Vorstoß amerikanischer Einheiten nach Ostwürttemberg formierte sich die deutsche Verteidigung schwerpunktmäßig entlang der Jagst. Von Bad Friedrichshall lief die Front entlang der Neckar-Enz-Stellung bis in den Schwarzwald. Größere und umso härtere Kämpfe gab es lediglich bei Jagstfeld, Neckarsulm und Heilbronn. Im südlichen Abschnitt der Stellung blieb die Lage weitgehend ruhig, da die mit den Amerikanern vorstoßenden französischen Einheiten in den Schwarzwald auswichen. Nachdem die Front am 2. April 1945 den Nordteil der Stellung erreicht hatte, räumten die deutschen Verbände bis zum 20. April 1945 die gesamte Stellung, um sich einer drohenden Einkesselung zu entziehen.

Nach dem Krieg mussten sämtliche Bunker, von wenigen Ausnahmen einmal abgesehen, gesprengt werden. In den Jahren des Wiederaufbaus musste dann der Großteil der zerstörten, aber an Ort und Stelle verbliebenen Bunker Bauvorhaben und der Landwirtschaft weichen oder wurden als vermeintliche Gefahrenstellen beseitigt. Heute erinnern nur noch wenige Reste und Ruinen in Wäldern und Weinbergen an die ehemalige Neckar-Enz-Stellung.

Um die Geschichte der Neckar-Enz-Stellung präsentieren zu können, entstand in Bietigheim-Bissingen ein Museum in einem ehemaligen Bunker der Stellung. Das im Besitz der Stadt Bietigheim-Bissingen befindliche Bauwerk wird vom *Arbeitskreis Bunkerforschung* betrieben Als Teil des *Geschichtsvereins Bietigheim-Bissingen e.V.* setzt sich der Arbeitskreis aus geschichtlich interessierten Bürgerinnen und Bürgern zusammen.

Vor der drohenden Sprengung verschonte den Bunker einst nur die geringe Entfernung zu einem Bahngleis und einem Wohnhaus. Er entstand 1935 in der ersten Phase des Ausbaus der Neckar-Enz-Stellung. Als *Regelbau 2*-Vorläufer (MG-Schartenstand mit Gruppe) aus dem Pionierbauprogramm stellt er eine festungs- und zeitgeschichtliche Rarität dar. Einige bauliche Details zeigen den technischen Stand des frühen modernen deutschen Festungsbaus. Geöffnet für Besucher ist der wieder vollständig ausgestattete Museumsbunker jeden ersten Sonntag im April, Juli und September. In Führungen und/oder über zahlreiche Aushänge informiert der *Arbeitskreis Bunkerforschung* außerdem über Geschichte und Technik der Neckar-Enz-Stellung (Anschrift siehe Seite 179).

Die Anfänge der Westbefestigungen 1936 – Regelbauten und Schartentürme

Nach der Besetzung der entmilitarisierten Zone westlich des Rheins im März 1936 begann die Wehrmacht unverzüglich mit der Erkundung von Stellungen für Bunkeranlagen – als vorausschauende Verteidigungsmaßnahme gegen einen möglichen französischen Angriff in der Zukunft.

Stabsgebäude des Festungspionierstabes 2 in St. Wendel (1995).

Zu diesem Zweck stellte sie am 1. August 1936 in Homburg/Saar den *Fest.Pi.Stab 17* unter Generalmajor Schmetzer auf. Dieser erste neu aufgestellte Festungspionierstab mit dem Erkundungsstab der Festungsinspektion V wurde auf dem Gelände des Landeskrankenhauses untergebracht. Die zivilen Mitarbeiter und Soldaten dieser Dienststellen traten in Zivil, mit zivilen Fahrzeugen und entsprechenden Zulassungsnummern auf. Alle Aktivitäten sollten unter strengster Geheimhaltung erfolgen. Im so genannten *Ausbaujahr 1936* errichtete der *Fest.Pi.Stab 17* von Wörth am Rhein bis Saarlouis 50 Bunker, davon 20 in der *Ausbaustufe B1,* 14 in *Ausbaustufe C* und 16 in *Ausbaustärke D.* Davon sind heute mindestens noch ein Bauwerk in B1, zwei in C und zwei in D erhalten (siehe Aufstellung erhaltener Bauwerke ab Seite 116).

Ab dem 1. Februar 1937 wurden Mitarbeiter des *Fest.Pi.Stabes 2* aus Königsberg in Ostpreußen auf freiwilliger Basis nach St. Wendel im Nordsaarland versetzt und in der dortigen Artillerie-Kaserne untergebracht (ab 1938). Dieser Pionierstab betreute den Abschnitt von Völklingen bis Merzig-Besseringen an der Saar. In Besseringen sind heute noch intakte Bauwerke der ersten Ausbauphase zu finden.

Insgesamt wurden 1936 von der schweizer Grenze bis Irrel bei Trier 206 Bunker errichtet. Für diese ersten Baumaßnahmen standen den Festungspionieren 21 Regelbauten in der *Ausbaustufe B1*, zwölf in *C* und sechs in *D* zur Verfügung.

FAMO-Raupenschlepper des Reichsarbeitsdienstes im Baustelleneinsatz 1939.

Nach harter Wochenarbeit: Arbeitsmänner sonntags im Lager bei Kaffee und Kuchen. Aufnahme von 1939.

Arbeitsmänner im Einsatz an der Feldbahn, Sommer 1939.

Reichsarbeitsdienstlager Bruchweiler 2/324 in der Südwestpfalz 1939.

Regelbauten B1, C und D

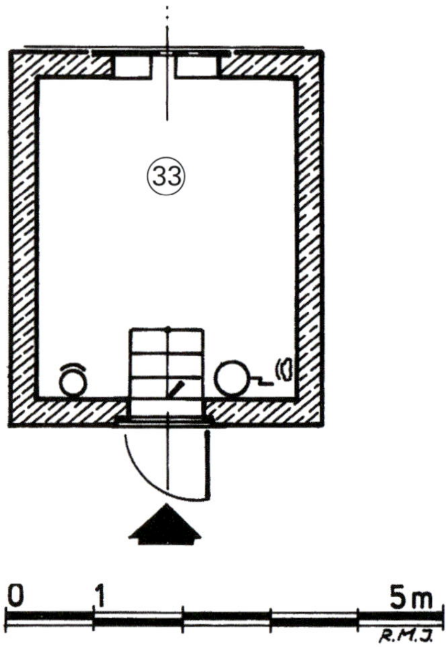

MG-Stand in Ausbaustufe D, WH Nr. 19 der Grenzwachtstellung Niederwürzbach, Landkreis Homburg/ Saar, von 1936 (intakt erhalten). Zeichnung RJ

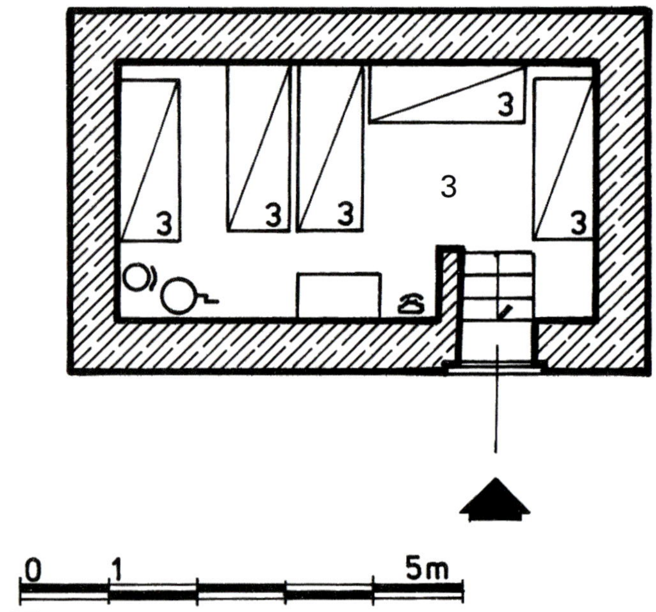

Einfacher Grenzwacht-Unterstand für 15 Mann in Ausbaustufe C von 1936/1937 (intakt erhalten). Zeichnung RJ

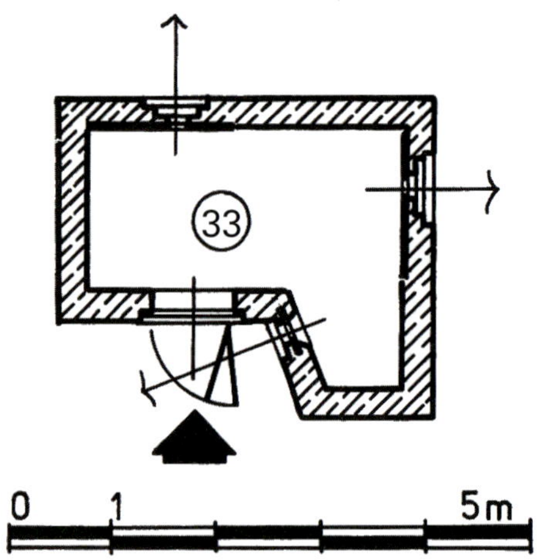

Doppel-MG-Stand in Ausbaustufe D, Regelbau D3 von 1937 (intakt erhalten). Zeichnung RJ

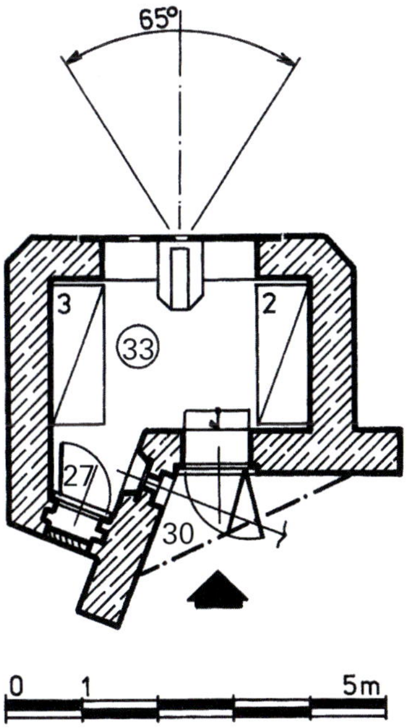

MG-Schartenstand Regelbau C1 des Pionierbauprogramms 1937.
Zeichnung RJ

Variation des Regelbaus B1/8 zur Uferverteidigung der Saar aus dem Pionierbauprogramm 1938 (Anlage wurde 1983 intakt abgebrochen). Zeichnung RJ

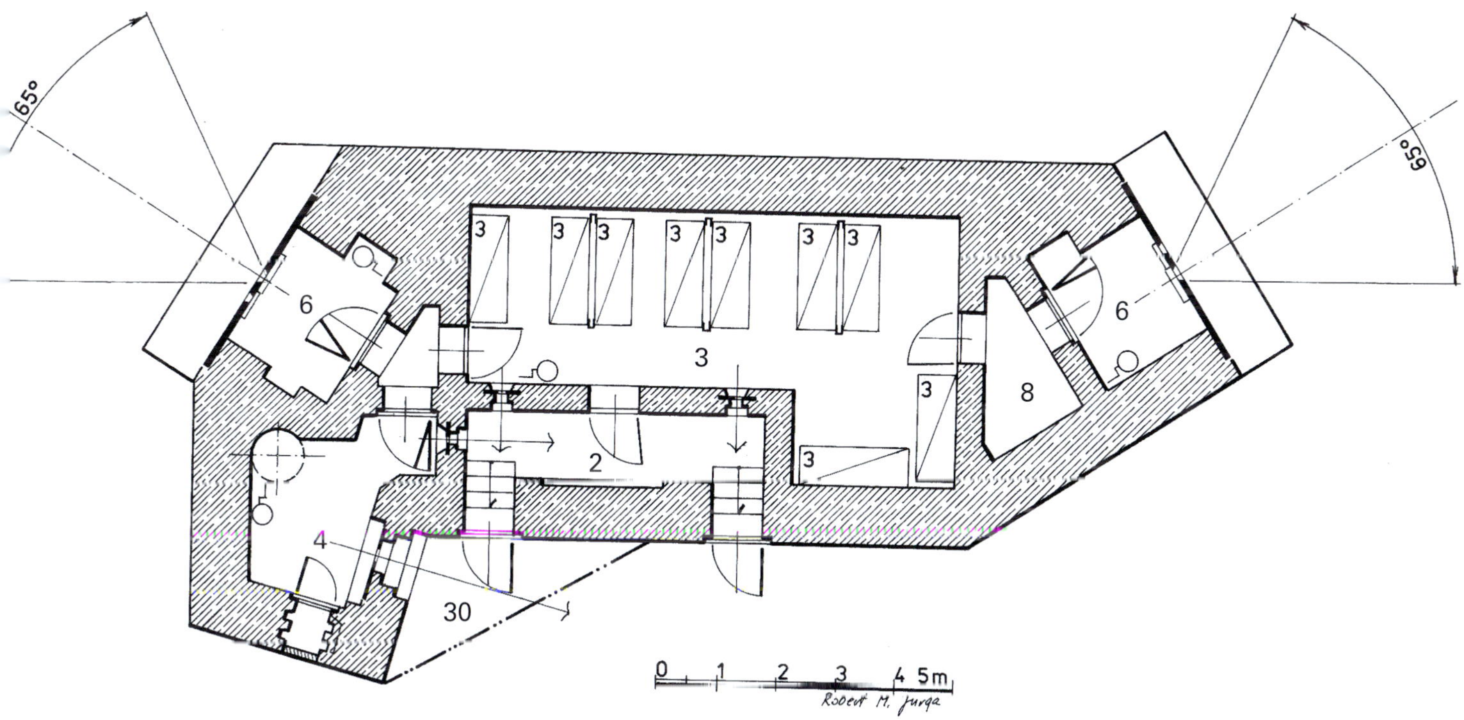

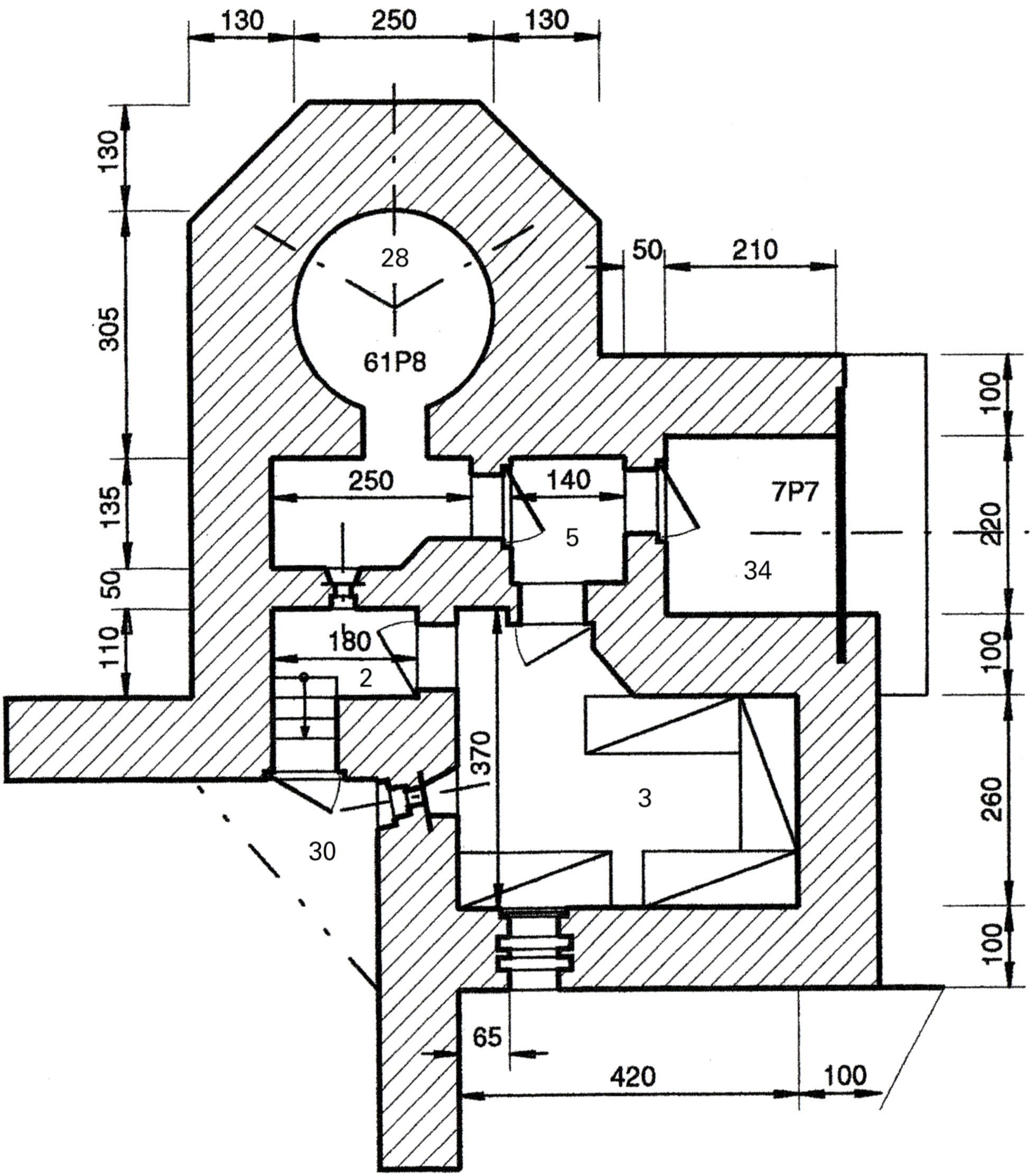

Pionierbauprogramm 1937: Stand in B1 mit Dreischartenturm 61P8 (B1) und MG-Kasematte mit Schartenplatte 7P7 (Bunker gesprengt). Zeichnung MB

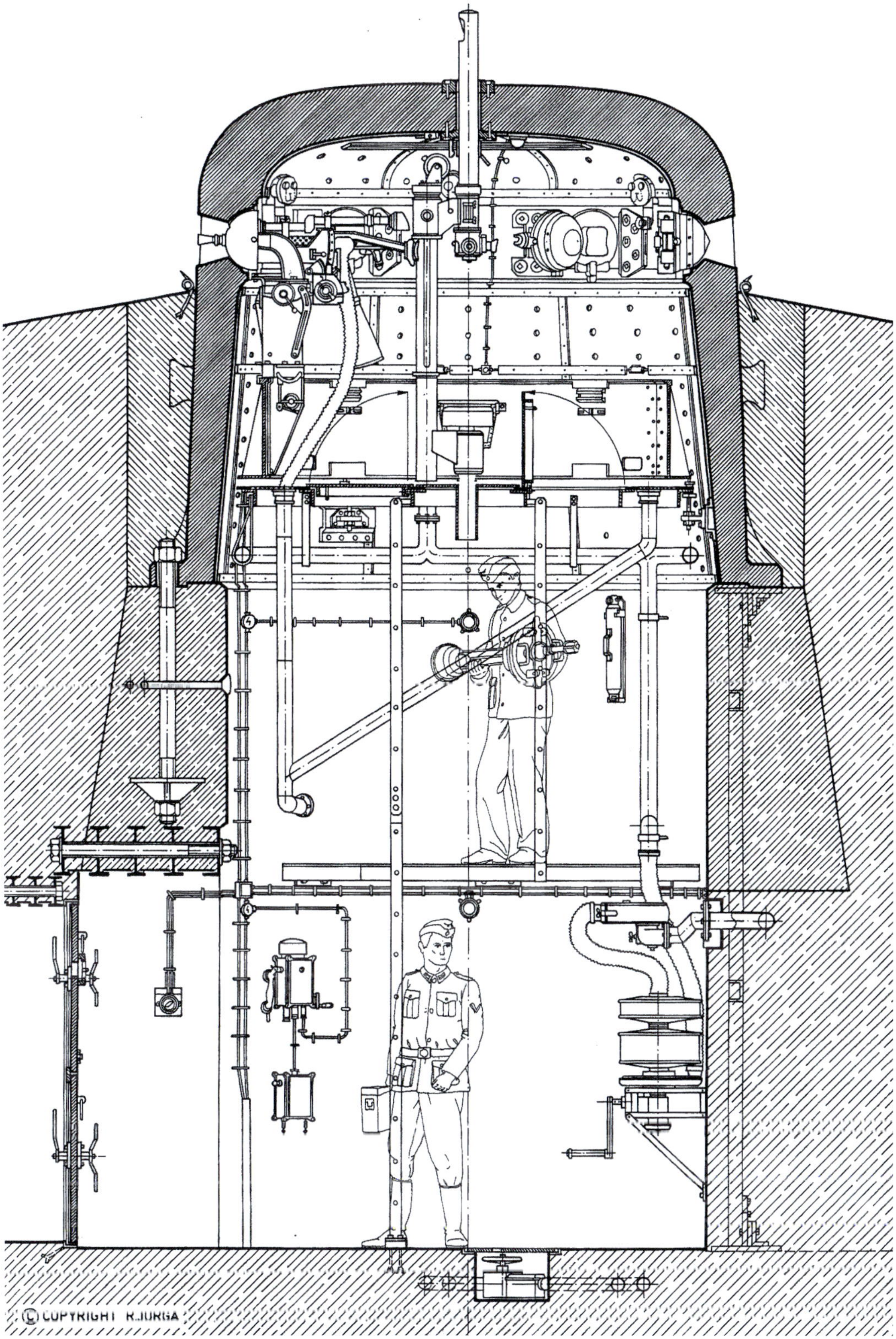

Sechsschartenturm für MG in B, Modell 20P7. Zeichnung RJ

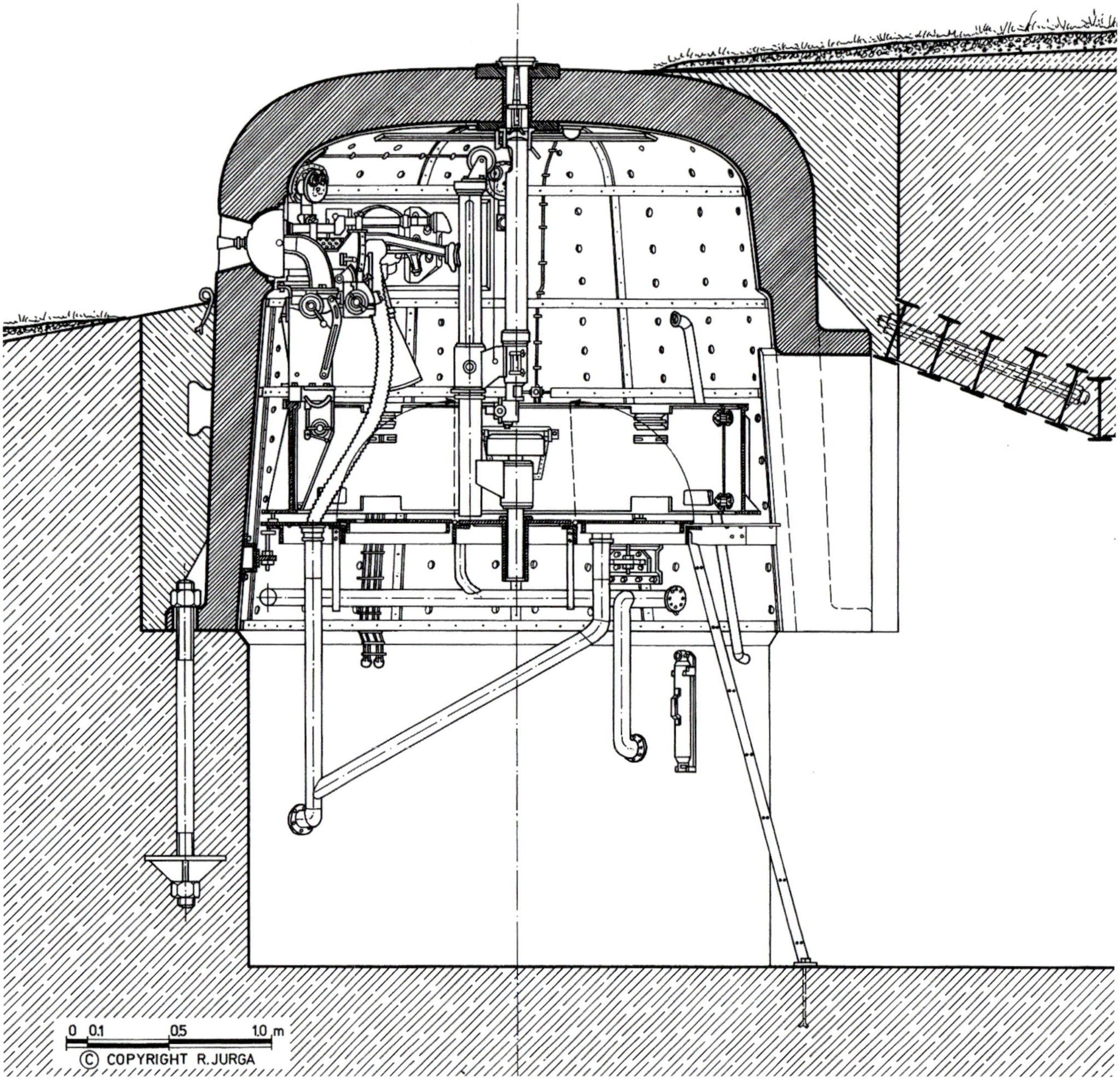

Dreischartenturm für MG in B, Modell 60P8. Zeichnung RJ

Im Westwall verwendete Drei- und Sechsschartentürme

Im Bereich des Westwalls wurden insgesamt 691 Drei- und Sechsschartentürme eingebaut.

Dabei handelte es sich um folgende Modelle:

1. Dreischartentürme

Bezeichnung	Wandstärke ca.	Gewicht ca.	Anzahl / Stück	davon erhalten
3P7	130 mm	17 t	29	-
60P8	295 mm	51 t	3	1
61P8	195 mm	25 t	68	13
407P9	295 mm	51 t	176	11
		Gesamt:	176	25

2. Sechsschartentürme

Bezeichnung	Wandstärke ca.	Gewicht ca.	Anzahl / Stück	davon erhalten
20P7	295 mm	51 t	382	32
35P8	195 mm	24 t	41	2
40P8	440 mm	107 t	16	-
423Po1	60 mm	6 t	76	-
		Gesamt:	515	34

Anmerkungen
Die Wand- und Deckenstärken wurden an den Turmstellen gemessen, die direktem Beschuss ausgesetzt sind, d.h. an den Turmstellen, die aus dem Beton herausragen, wobei die Turmdecke der stärkste Bereich ist.

Die Wandstärke erweitert sich vom Turmsockel und bleibt ab der Kampfbühne fast konstant. Aus fertigungstechnischen Gründen änderten sich die Stärkemaße geringfügig, siehe Schnittzeichnung *Turm 20P7* auf Seite 27.

In verschiedenen Fällen wich die Panzerstärke sogar deutlich von den vorgegebenen Maßen ab, meist wurde sie überschritten.

Beispiele:
1. *Turm 20P7:* Vorgabe 250 mm, tatsächlich Stärke bei allen noch vorhandenen Türmen 295 mm im Schartenbereich.
2. *Turm 40P8:* Vorgabe 420 mm, tatsächliche Stärke 440 mm (Schleusenbunker in St. Nazaire Frankreich).

Sechsschartenkuppel bei Schaidt/Pfalz in unmittelbarer Nachbarschaft eines Wohngebäudes und weiblicher »Bedeckung«.

Im Saarland sind zwei Dreischartentürme mit Schieberverschluss erhalten (Hinweis für den Festungsforscher: Diese Modelle sind im *Panzeratlas** nicht enthalten). Eine dritte Dreischartenkuppel aus Stahlblech ist noch in einer Scheinanlage eingebaut.

Vier intakte Bunker, davon drei mit Dreischartenkuppel und einer mit Sechsschartenkuppel sind mit Erdreich überdeckt – der Fachmann spricht von *übererdet* – und ihr Kuppeltyp deshalb nicht feststellbar.

* Jörg Fuhrmeister: Der neue Panzeratlas 1 und 2. Sonderheft der Zeitschrift Fortifikation, Fachblatt des Studienkreises Interfest e.V.

Regelbau B1/25 des Pionierbauprogramms 1936/37 mit Sechsschartenkuppel Typ 35P8 in Merzig. Eingangshof heute verfüllt. (Aufnahme von 1991).

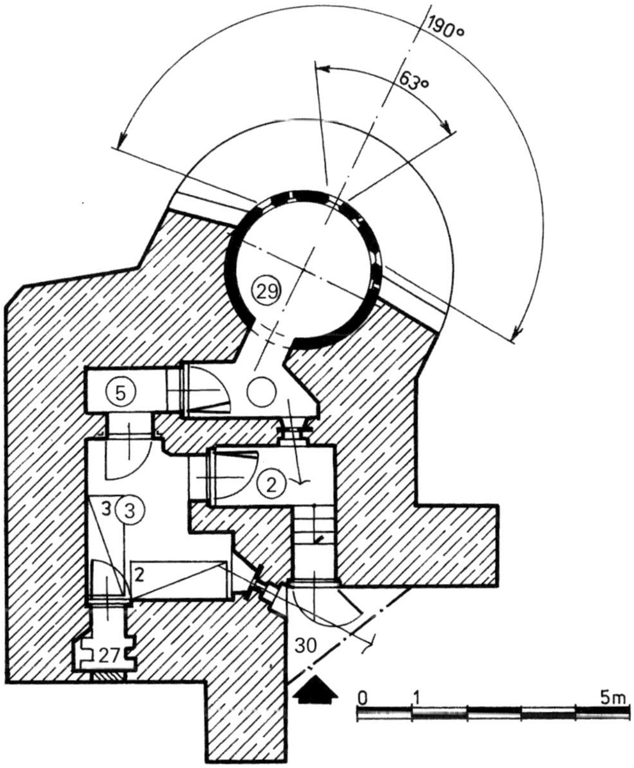

Pionierbauprogramm 1937/1938: Regelbau B1/23 verstärkt (B alt) mit Dreischartenturm in B (Bunker gesprengt). Zeichnung RJ

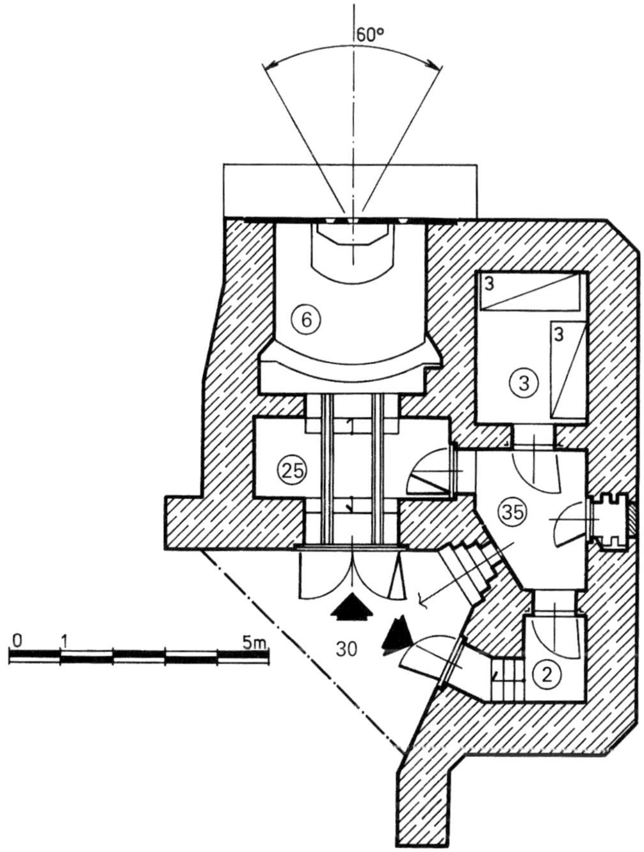

Pionierbauprogramm 1937: Pak-Schartenstand in Ausbaustufe B1, Regelbau B1/18. Zeichnung RJ

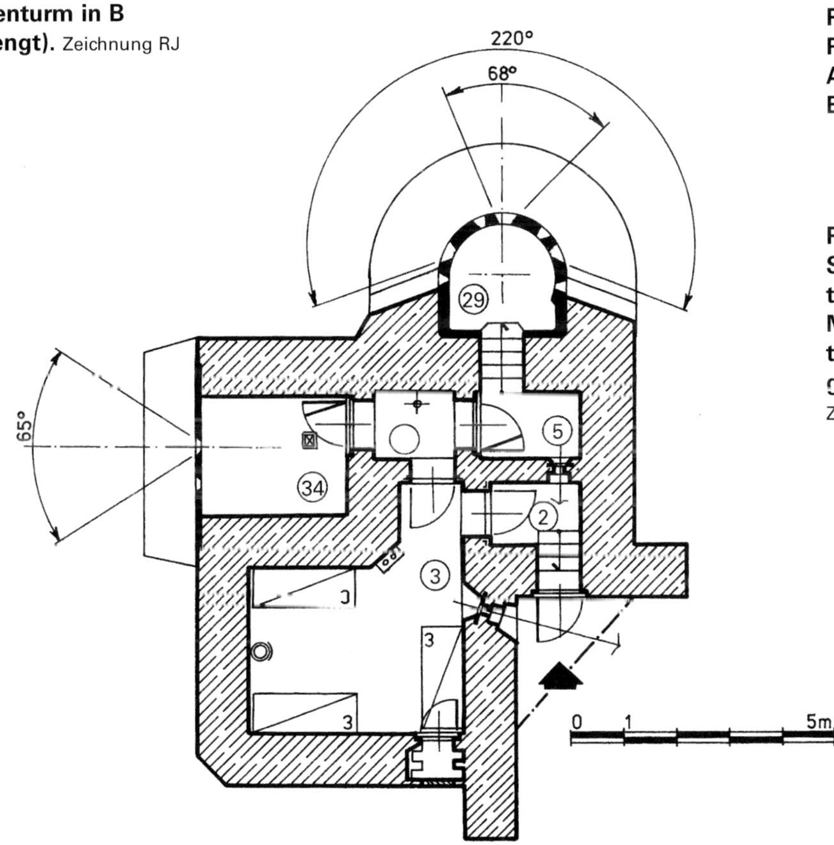

Pionierbauprogramm 1937. Stand in B1 mit Dreischartenkuppel 3P7 (B1) und MG-Kasematte mit Schartenplatte 7P7 (B1), (Bunker gesprengt).
Zeichnung RJ

Das Pionierbauprogramm des Jahres 1937

Das so genannte *Pionierbauprogramm* – also die Planung und der Bau militärischer Befestigungsanlagen – sah für 1937 die Errichtung von elf Werkgruppen in der *Ausbaustufe A* (3,5 m Wand-/ Deckenstärke) vor, und zwar von Irrel im Norden bis in die Weißenburger Senke bei Bad Bergzabern im Süden. Die Werkgruppen sollten aus mehreren oberirdischen Kampfständen bestehen, die mit Verbindungshohlgängen zu den Nachbarwerken ausgestattet waren. Eine Werk-

Propagandapostkarte vom Westwall: Truppen besetzen ein B-Werk, 1940.

Kippkochkessel in der Küche eines B-Werkes, 1940.

gruppe enthielt alle notwendigen Anlagen der Energieversorgung und Logistik, dazu Sanitäts-, Ruhe-, Wasch- und Toilettenräume. Rückwärts gelegene Eingänge waren ebenso charakteristisch.

Die 32 für den Abschnitt Irrel-Bad Bergzabern vorgesehenen Werke entstanden allerdings nicht in *Ausbaustufe A,* sondern in *Ausbaustufe B*(1937; 1,5 m Wand-/Deckenstärke). Die beiden Bunkeranlagen bei Irrel, Katzenkopf und Nimswerk sind aufgelöste *B-Werke,* sie verfügen über Hohlgänge zu abgesetzten Türmen. Eine Verbindung zwischen beiden Werken wurde jedoch nicht vollendet. Mindestens zwei Werke bilden eine kleine Werkgruppe. Zwei *B-Werke* wurden Ende 1939 auf 3,5 m Wand-/Deckenstärke verstärkt. Dies bedeutete den Ausbau aller Türme und das erneute Einbetonieren dieser Bauteile.

Die Geschichte des Bunkers N 38401

Das einzige nicht gesprengte *B-Werk* des Westwalls steht bei Merzig im Saarland. Die Bezeichnung *B-Werk* leitet sich von der *Ausbaustufe B* ab (1937; 1,5 m Wand-/Deckenstärke). Ein Werk erhielt immer eine eigene maschinelle Ausstattung. 1937 wurde mit den Bauarbeiten an *N 38401* begonnen, so die Ordnungsnummer des *B-Werks*. Die Bauabnahme erfolgte am 7. Dezember 1939 und die Abnahme des Maschinenraumes am 19. Dezember 1939. Von Dezember 1939 bis Juni 1940 mit Truppen besetzt, blieb die Front in diesem Abschnitt bis auf geringe Spähtrupptätigkeit ruhig. Von Juni 1940 bis Oktober 1944 übernahm ein speziell ausgebildeter Festungspionier-Unteroffizier die technische Wartung der Anlage. Im Herbst

Eingangsseite des B-Werkes »Rotkäppchen« bei Bergzabern 1940.

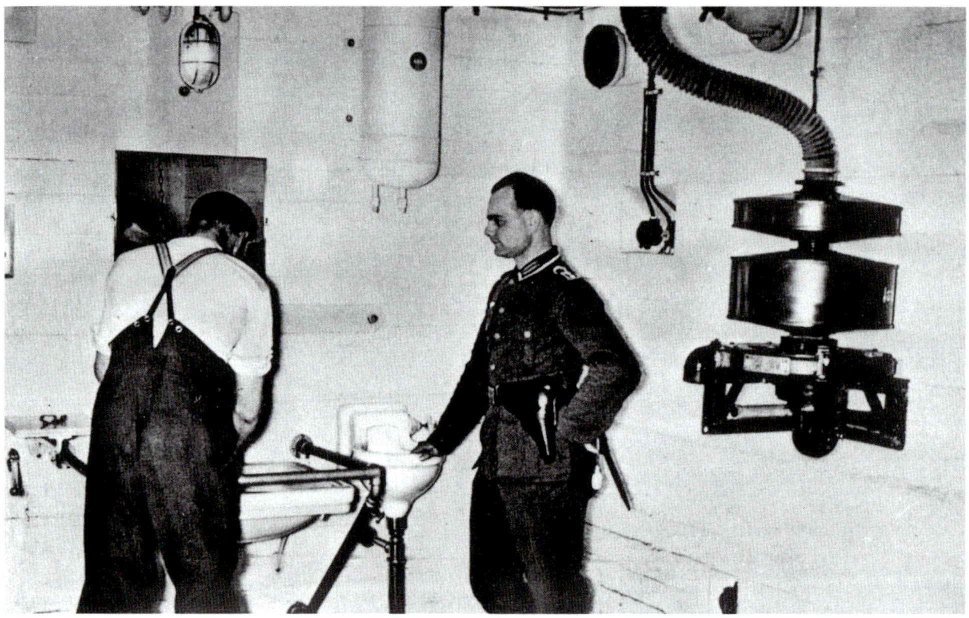

Sanitätsraum in einem B-Werk 1940. Rechts ein Heeres-Einheits-Schutz-lüfter HES 1,2.

1944 wurden angesichts der näher rückenden Front die Munitionsvorräte für MG und Maschinengranatwerfer, die Betriebsstoffe für die Aggregate und die Verpflegung aufgefüllt und eine Bunkerbesatzung zog ein. Diese räumte das *B-Werk* Mitte März 1945, um nicht von US-Truppen umgangen und eingeschlossen zu werden. Unmittelbar nach Kriegsende entfernten Zivilisten alles Brauchbare und Verwertbare aus dem Bunker. Ihnen folgten Schrotthändler, die rigoros alle

Metallteile abschweißten – selbst die Kantenschutz-Winkeleisen der Stufen im Treppenhaus meißelten sie aus dem Beton.

Am 1. April 1947 verunglückten zwei Mitarbeiter eines behördlichen Bunkerräumtrupps durch unsachgemäßes Hantieren mit Granatwerfermunition tödlich. Der im Keller befindliche Flammöltank mit 2500 l Inhalt verursachte durch austretende Gase eine starke Verpuffung, die selbst die 30 mm starke Stahltür im darüber liegenden Raum aus den Angeln riss.

Bis 1950 stand das Werk offen und die Plünderung ging weiter. 1966 wurde eine behelfsmäßig angebrachte Gittertür aufgebrochen (der erste Beleg ist datiert vom 17. Oktober 1966). Im Sommer 1997 erhielt die Reservistenkameradschaft Merzig der Bundeswehr die Genehmigung, einen Eingang der übererdeten Anlage frei zu legen und zu öffnen. Die Reservisten befreiten das mittlerweile unter Denkmalschutz stehende Bauwerk von Müll und untersuchten es eingehend. Die Festungsfreunde unter ihnen konnten so viele offene Fragen endlich klären:

Das Standard *B-Werk* verfügt über 44 Räume auf drei Ebenen. Im Eingangshof befinden sich

Eingangshof des B-Werkes Besseringen in den 50er-Jahren. J K

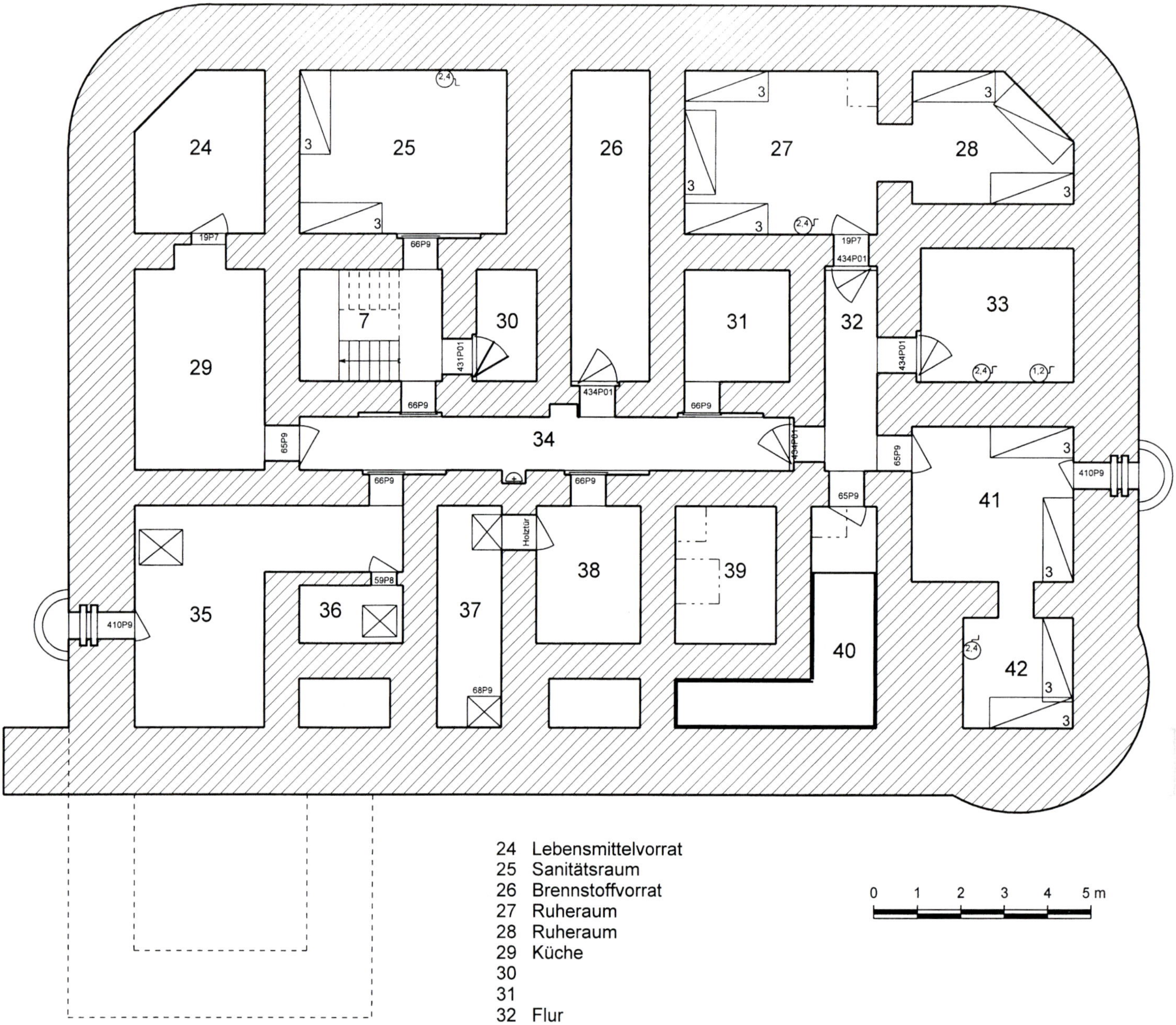

24 Lebensmittelvorrat
25 Sanitätsraum
26 Brennstoffvorrat
27 Ruheraum
28 Ruheraum
29 Küche
30
31
32 Flur
33 Munitionsraum
34 Hauptflur
35 Maschinenraum
36 Werkstatt
37 Abort
38 Waschraum
39 Flammenwerfer-Vorratsraum
40 Wasservorrat
41 Ruheraum
42 Ruheraum

B-Werk Besseringen

Untergeschoß

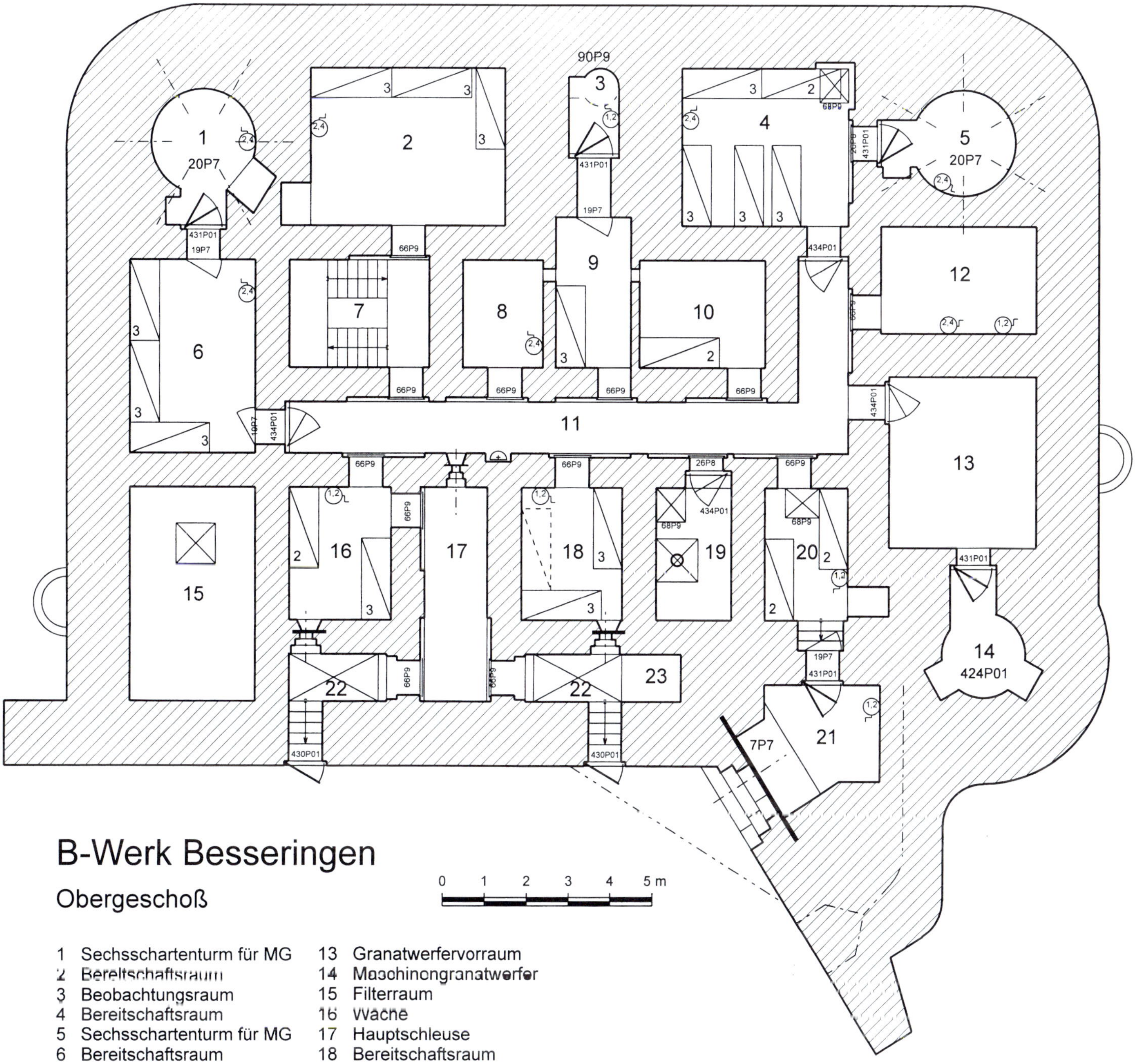

B-Werk Besseringen

Obergeschoß

1 Sechsschartenturm für MG
2 Bereitschaftsraum
3 Beobachtungsraum
4 Bereitschaftsraum
5 Sechsschartenturm für MG
6 Bereitschaftsraum
7 Treppenhaus
8 Raum für Stabsoffiziere
9 Führerraum
10 Nachrichtenraum
11 Hauptflur
12 Munitionsraum
13 Granatwerfervorraum
14 Maschinengranatwerfer
15 Filterraum
16 Wache
17 Hauptschleuse
18 Bereitschaftsraum
19 Flammenwerferraum
20 Bereitschaftsraum
21 Eingangsverteidigung
22 Fallgruben
23 Entgiftungsnische

Seite 35 und 36: Pionierbauprogramm 1937: B-Werk Besseringen in Ausbaustufe B alt, Ober- und Untergeschoss (Bauwork intakt). Zeichnung MB

zwei Eingänge mit je einer 0,8 x 1,1 m großen und 50 mm starken Stahltür; rechts neben den Eingängen die Türeinlassanlage (optisches und akustisches Signal zum Wachraum), die gepanzerten Lufteinlassroste und das Abgasrohr der Dieselaggregate. Die Hofseite des Bauwerks wurde ursprünglich durch eine flankierende Anlage mit einem MG hinter *Schartenplatte 7P7* gesichert. Im rechten Eingang befinden sich die Einfüllstutzen für Dieselöl und Flammöl, ebenso die Entgiftungsnische für gasverseuchte Soldaten. Die Hauptschleuse sicherten einst zwei Fallgrubenabdeckungen *Typ 99P9*, von denen die rechte noch eingebaut und funktionsfähig ist, sie trägt die Nummer 128 von 1938. Die nach dem Prinzip einer Zugbrücke funktionierende Abdeckung ist 20 mm stark, gasdicht und mit einer Pistolenscharte ausgestattet. Die Fallgrube darunter ist 3,5 m tief und ohne die Abdeckung nicht zu überwinden. Neben der Hauptschleuse befinden sich rechts und links ein Wachraum, jeweils mit einem *Gewehrschartenverschluss 48P8,* Stärke 40 mm, ausgestattet.

Vom Hauptflur gelangt man in die Kampfräume, Räume für Offiziere und Mannschaften, Funkraum, Munitionsraum, Flammenwerferraum, Beobachtungsraum usw. Durch das Treppenhaus steigt der Besucher in das Untergeschoss mit Sanitäts-, Maschinen-, Ruhe-, Munitionsräumen und der Küche mit zwei elektrisch betriebenen Kippkochkesseln. Auch der Waschraum, die Toiletten, Wasserbehälter und Dieselölvorrat waren bzw. sind hier untergebracht. Durch eine gasdichte Niedergangsklappe gelangte die Besatzung in den Brunnenvorraum und die Brunnenkammer (Frisch- und Trinkwasser). Der sich über zwei Etagen erstreckende Maschinenraum war mit zwei 34 PS starken Dieselaggregaten ausgestattet. Auf einer Stahlzwischendecke befand sich die Hauptfilteranlage mit zehn 5 m^3 Filtern. Abwässer wurden in Gruben gesammelt und konnten mit einer Schmutzwasserhebeanlage, System Hölscher, in die Kanalisation gepumpt werden. Die Beheizung der Anlage erfolgte durch Warmwasser- und Elektroheizkörper. Eine bei 70°C selbsttätig auslösende Sprinkleranlage sicherte das Bauwerk vor Bränden.

Durch erhebliche Materialverknappung – die zugewiesene Rohstahlmenge wurde um 60% reduziert – und ein Fehlen an Fachingenieuren, verlängerten die Planer des Westwalls die vorgesehene Bauzeit zunächst um fünf Jahre bis 1942, dann um weitere sechs Jahre bis 1948 und schließlich bis 1952. Der immer größer werdende Aufgabenbereich des *Fest.Pi.Stabes 17* überforderte dessen Möglichkeiten. Abhilfe schuf die Neuaufstellung der Festungspionierstäbe

Fest.Pi.Stab 18 in Offenburg (Oberrhein),
Fest.Pi.Stab 19 in Trier (Moselabschnitt),
Fest.Pi.Stab 20 in Landau (Pfalz)

am 12. Oktober 1937. Die *Festungsinspektion V* wurde von Homburg/Saar nach Kaiserslautern verlegt. Bis Jahresende 1937 waren rund 600 Bunker fertig oder im Bau. Die 32 *B-Werke* wurden erst im 4. Quartal 1939 abgenommen und der Truppe übergeben.

Die Regelbauten des Pionierbauprogramms bis Frühjahr 1938

Eine Übersicht der vorhandenen Regelbauten vom Mai 1938 führt 53 Regelbauten auf. Diese sind in folgende Gruppen aufgeteilt:

21 MG-Schartenstände
11 Doppel-MG-Schartenstände
11 Pakbunker und Unterstellräume
6 Stände mit Drei- und Sechsschartenkuppeln
2 Stände für Artilleriebeobachter
2 Gefechtsstände

Der Ausbau des Westwalls von Januar bis Mai 1938

Nachdem die Grenzbefestigungen nur bis nordwärts Trier ausgebaut worden waren, genehmigte Hitler, nach einem Vortrag des Oberbefehlshabers des Heeres, am 9. März 1938 den weiteren Ausbau des Westwalls bis Brüggen an der Schwalm. Die Befestigungen zwischen Rhein und Mosel sollten im Frühjahr 1939 verteidigungsbereit sein. Die

Bunkerbesatzung eines »Limes«-Regelbaus im Abschnitt Sundheim-Kehl am Oberrhein 1939.

Die gleiche Besatzung bei einer Abwehrübung am Infanteriehindernis.

Neubaumaßnahmen im Norden erforderten Neuaufstellungen von Festungspionierstäben. Dies war der *Fest.Pi.Stab 21* in Jülich und der *Fest.Pi.Stab 23* in Bitburg. Der *Fest.Pi.Stab 22* wurde in Köln aufgestellt, dann aber nach Düren verlegt, als dort neue Unterkünfte fertiggestellt waren. Nach der Mobilmachung wurden am 8. September 1939 der *Fest.Pi.Stab 27* von Kreuzberg/Oberschlesien nach Geldern, und der *Fest.Pi.Stab 28* ab dem 12. September 1939 nach Goch am Niederrhein verlegt.

Der *Fest.Pi.Stab 10*, seit Juni 1938 in Saarbrücken und am 11. November 1938 in *Fest.Pi.Stab 24* umbenannt, wurde nach Kriegsbeginn mit dem *Fest.Pi.Stab 2* zusammengelegt.

Als übergeordnete Dienststelle der genannten Festungspionierstäbe wurde die *Festungsinspektion IX* in Köln aufgestellt.

Das Bauprogramm des Jahres 1938 sollte 1360 Anlagen umfassen. Um den Ausbau zu beschleunigen, ordnete der Oberbefehlshaber der Wehrmacht am 9. April 1938 an, dass das Heer und der *Reichsarbeitsdienst (RAD)* Personal für die Baumaßnahmen abstellten. Bis zum Beginn des Baujahres 1938 (Baubeginn; 1. April 1938), also von 1936 bis März 1938, waren rund 2000 Bunkeranlagen fertig gestellt. Die Quellen nennen verschiedene Zahlen; 2000 kommt aber nach Ansicht von Fachleuten den Tatsachen am nächsten.

Das Baujahr 1938 – »Limes«-Regelbauten

Die politische Entwicklung zwischen dem Deutschen Reich und der Tschechoslowakei spitzte sich im Frühjahr 1938 zu. Die so genannte *Sudetendeutsche Frage* drohte in einer gewaltsamen Auseinandersetzung zu enden. Aus diesem Hintergrund heraus befahl Hitler am 28. Mai 1938 den beschleunigten Ausbau der Westbefestigungen. Seinen unrealistischen Vorstellungen nach sollten bis Oktober des Jahres 1938 10.000 Unterstände und 1800 Schartenstände für MG errichtet werden. Da ihm die Arbeiten zu langsam fortschritten, beauftragte er die *Organisation Todt (OT)* mit der Bauleitung. Die nach dem *Generalinspekteur für das Deutsche Straßenwesen* Dr.-Ing. Fritz Todt (1891–1942) benannte Organisation hatte sich durch den Bau der Reichsautobahnen verdient gemacht. Die Generalvollmacht für die Bauarbeiten am Westwall erhielt Dr. Todt am 14. Juni 1938. Somit hatte die OT nun die Weisungsbefugnis über die Baufirmen, die Festungspioniere traten in das zweite Glied.

Im Wiesbadener Hotel Kaiserhof richtete die *Organisation Todt* ihre Leitstelle ein, die bald die Dienststelle des Generalinspekteurs in Berlin an Bedeutung übertraf. Mehr als 150 Mitarbeiter waren in der Wiesbadener Dienststelle tätig. Im gleichen Gebäude war auch die *Inspektion der Westbefestigungen* untergebracht. Dr. Todt engagierte sich sehr am Westwall; übertrug jedoch die Leitung seinem Stellvertreter, Oberbaurat Henne. Den Festungspionierstäben teilte er *Oberbauleitungen* zu, von denen bis zum 31. August 1938 insgesamt 18 aufgestellt wurden.

Die Aufgabenverteilung wurde wie folgt geregelt:

1. Die *Fest.-Pi.-Stäbe* führen den Ausbau 1938 selbstständig durch und wahren die militärischen Belange bei Ausbau der Beton-, Straßen- und Eisenbahnbauten »Limes«.
2. Die *Generalinspektion für das Deutsche Straßenwesen* führt die Beton-, Straßen- und Eisenbahnbauten Limes selbstständig nach den gegebenen militärischen Richtlinien durch und stellt für den Ausbau 1938 und den Kabelbau die geforderten Arbeitskräfte.
3. Die Material- und Betonprüfungen nehmen die *Oberbauleitungen Todt* gemeinsam mit den *Fest.-Pi.-Stäben* vor.

Das Oberkommando des Heeres (OKH) seinerseits betraute mit Wirkung vom 1. Juni 1938 den damals 65-jährigen General Wilhelm Adam mit der verantwortlichen Oberleitung der mit Bauarbeiten beauftragten Festungspioniere. Ab 30. August unterstand ihm auch die Bearbeitung des gesamten Nachschubs für das *Festungsprogramm West*.

Der Inspekteur der Festungen gab nach wie vor die Richtlinien für die Bauausführungen heraus und überwachte die einzelnen Baumaßnahmen im Hinblick auf die festungspioniertechnische Ausführung der Anlagen.

Dr.-Ing. Fritz Todt,
am 4.9.1891 in Pforzheim
geboren, kam am 8.2.1942
bei einem Flugzeugabsturz
ums Leben.

Der Chef der *Organisation Todt (OT),*
Dr.-Ing. Fritz Todt an einem Regelbau
des »Limes«-Bauprogramms 1938.

Dienstbuch für Angehörige im Festungsbau.

Dienstbuch für Angehörige der Organisation Todt.

Die Regelbauten des »Limes«-Programms

Den Festungspionieren war nun die Aufgabe gestellt, neue und einfache Regelbauten zu entwerfen. Die bisherigen Anlagen waren zu aufwändig für die Massenfertigung. Auch der Mangel an schweren Panzerbauteilen musste berücksichtigt werden. Bereits am 2. Juni 1938 lagen elf neue Regelbauzeichnungen für das *Bauprogramm »Bunker«* vor, nach dem römischen Grenzwall »Limes« benannt. Diese sollten zunächst in den *Ausbaustufen B1* und *C* errichtet werden. Doch in der technischen Konzeption wurden laufend Änderungen eingebracht, obwohl der Beton der ersten Anlagen schon ausgehärtet war. Nach der Herausgabe einer neuen Regelbau-Typenliste (rote Nummern), erteilte Hitler die telefonische Weisung, alle Bauwerke in der *Ausbaustufe B (alt)* zu errichten. Lediglich die Innenraumaufteilung, die Innen- und Rückwände blieben in *B1*, um die vorhandenen Deckenträger und Schalungen weiter verwenden zu können. Bis zum November 1938 lagen insgesamt 40 Regelbaupläne vor.

Ausgeführte Stände des »Limes«-Bauprogramms

(Im Original datiert: Wiesbaden, den 25.10.1938)

Rote Nr.	Regelbau
1	MG-Schartenstand mit Panzerscharte
1a	MG-Schartenstand für Oberrhein mit Panzerscharte
2	MG-Schartenstand mit Gruppe und Panzerscharte

Bunker des »Limes«-Bauprogramms im Winter 1939/40 (Regelbau 10).

Schartenfront eines »Limes«-Regelbaus 22 für die 8,8 cm-Flak. Raum Bergzabern, 1940.

3 MG-Doppelschartenstand mit Panzerscharte
10 Unterstand für 1 Gruppe mit angehängtem Kampfraum
10a Unterstand für 1 Gruppe mit angehängtem Kampfraum (Führer)
11 Unterstand für 2 Gruppen mit angehängtem Kampfraum
18 Unterstand für 1 Feldkanone 16 (FK 16)
19 Artilleriebeobachter offen
19a Artilleriebeobachter mit 21P7
19b Artilleriebeobachter mit 44P8
20 Geschützstand für eine 3,7 cm-Pak mit Maulscharte
20a Geschützstand für eine 3,7 cm-Pak für Oberrhein
22 Geschützstand für 8,8 cm-Flak
22a Geschützstand für 7,5 cm-Flak
22b Geschützstand (offen) für 8,8 cm-Flak
22c Geschützstand (offen) für 7,5 cm Flak
23 MG-Schartenstand mit Maulscharte
24 MG-Schartenstand mit Maulscharte für Oberrhein
25 MG-Doppelschartenstand mit Panzerscharte für Oberrhein
26 MG-Doppelschartenstand mit Maulscharte
28 Artilleriebeobachter mit 9P7-Kleinstglocke
29 B-Kleinstwerk mit Gruppe
30 Schartenstand für 17 cm-Langrohrkanone (waagerechte Bettung)
30a Schartenstand für 17 cm-Langrohrkanone (schräge Bettung)
31 Regiments-Gefechtsstand
32 Sanitätsunterstand
33 Munitionsraum für 7,5 bzw. 8,8 cm-Flak
34 Stand für 24 cm-Kanone
35 Stand für 30,5 cm-Kanone
36 Stand für 10,5 cm-Marine-Flak
37 Munitionsraum für leichte Feldhaubitze (lFH), schwere Feldhaubitzen (sFH) und Flak

Charakteristisch für diese Bauwerke war der weitgehende Verzicht auf schwere Panzerbauteile, wie Schartenplatten und -türme. Durch die große Zahl an Bauwerken und den Lieferengpässen der Stahlindustrie, wurden hauptsächlich *offene Maulscharten* (mit 10 mm dickem Stahlblech ausgekleidete Öffnungen) eingebaut. Lediglich die *Regelbauten 1, 1a, 2* und *3*, die vom Pionierbauprogramm abgeleitet wurden, erhielten 100 mm starke *Stahlschartenplatten* des *Typs 7P7* hinter einer abgetreppten Scharte.

MG-Stand Nr. 59 bei Rastatt 1940 – ein »Limes«-Regelbau 23.

Doppel-MG-Stand Nr. 627 bei Drusenheim 1940 – ein »Limes«-Regelbau 25.

Unteroffiziere am Funkgerät in der flankierenden Anlage eines »Limes«-Regelbaus 11, 1939. FD

»Limes«-Regelbau 11 von 1939 in Ausbaustufe B neu bei Rheinbischofsheim, März 1940.

Oberrhein-Bunker, umgeben von einem dichten Stacheldrahtgespinst von Infanteriehindernissen, 1940.

»Limes« Regelbau 11 (Kompaniegefechtsstand) bei Stollhofen am Oberrhein 1940. FA

Mitglieder eines Musikzuges des Heeres als Bunkerbesatzung mit ihren Instrumenten vor einem »Limes«-Regelbau 10, 1939.

»Limes«-Regelbau 19: Artilleriebeobachter, 1939. FD

Eingangsseite des Bliesstauwerkes mit Panzertür, Blieskastel 1940. Davor zwei Musikanten, wohl aus einem Dorf der Umgebung.

Hofseite eines Regelbaus 10 bei St. Ingbert (Aufnahme von 1986).

Hofseite eines freigelegten »Limes«-Regelbau 10 in Saarfels 1992.

Gedeckter Zugang zu einem Gruppenunterstand Regelbau 10a Limes bei Pirmasens 1993. Anlage abgebrochen.

Gedeckter und mit Natursteinen verblendeter Eingang zu einer Wasserversorgungsanlage in der Eifel.

Hinzu kam der speziell für den Rheinabschnitt entworfene *Regelbau 25*, vom dem insgesamt 111 Stück betoniert wurden. Von 9700 Anlagen waren nur 926 mit der *MG-Schartenplatte 7P7* bestückt. Den größten Anteil der Regelbauten bildeten die Gruppen- und Doppelgruppenunterstände mit *angehängtem MG-Stand*, also die *Regelbauten 10, 10a* und *11* (1944 wurde der angehängte MG-Stand nur noch als *Postenstand* bezeichnet). Diese drei Regelbauten bewährten sich nicht und werden von Festungsforschern als Fehlkonstruktionen eingestuft. Um in den MG-Stand zu gelangen, musste die Bedienungsmannschaft den Bunker verlassen, außerdem war lediglich eine Holztür als Eingangsabschluss des Kampfstandes vorhanden. Die MG-Bedienung war bei Beschuss völlig ungeschützt. Ein paar Sandsäcke sollten die große Scharte etwas absichern.

Dieses Manko war den Verantwortlichen durchaus bewusst; als Notlösung ließen sie vereinzelt noch »Behelfsschartenplatten« aus alten Beständen einbauen, deren Widerstandsfähigkeit gegen Beschuss aber ziemlich begrenzt war.

Insgesamt bildeten diese drei Bunkertypen mit 6345 Exemplaren jedoch die größte Gruppe der »Limes«-Bauwerke. Der meist gebaute Regelbau des Westwalls, der *Regelbau 10* mit 3471 Exemplaren, gelangte in allen erdenklichen Varianten zur Ausführung. Es ist für den heutigen Betrachter kaum verständlich, dass alle diese Ausführungen lediglich eine Infanteriegruppe – 1 Gruppenführer und 14 Mann – aufnehmen sollten.

Folgende Varianten konnten bis heute ermittelt werden:

Ausbaustufe B1	ohne angehängten Kampfraum
Ausbaustufe B (alt)	ohne angehängten Kampfraum
Ausbaustufe B (alt)	mit aufgesetztem Kampfraum auf der Decke des Bunkers (Merzig/Saar)
Ausbaustufe B (neu)	
Ausbaustufe B (alt)	mit deckengleichem Kampfstand
Ausbaustufe B (alt)	mit niedrigerem Kampfstand
Ausbaustufe B (alt)	mit erhöhtem Kampfstand
Ausbaustufe B (alt)	mit Treppenhaus
Ausbaustufe B (alt)	mit Hangsicherung
Ausbaustufe B (alt)	mit abgesetztem Kampfstand

Nutzung als:

- Kompaniegefechtsstand
- Untertreteraum für Artilleriebeobachter
- Unterstand für eine Geschützbedienung

86 *Regelbauten 10* sind ungesprengt erhalten geblieben.

B-Kleinstwerk Rentrisch/Saar 1978.

Für MG-Schartentürme gab es nur einen Regelbau – das *B-Kleinstwerk mit Gruppe* – von dem nur 24 Stück gebaut wurden. Am Oberrhein wurden 18 Doppel-MG-Kasematten *Regelbau 24* mit zwei *Dreischartentürmen 407P9* ausgestattet und die Decke um einen Meter verstärkt. Von insgesamt 41 Regelbauten mit Artilleriebeobachtungskuppel standen nur zwei am Oberrhein.

Eine weitere Besonderheit des »Limes«-Bauprogramms sind die Regelbauten für Marineartillerie am Oberrhein: 15 *Regelbauten 30* und *30a* mit 17 cm-Kanone wurden zu fünf Batterien mit drei Geschützen in *Ausbaustufe A* gegenüber Haguenau bis Straßburg errichtet. Dazu kamen noch eine Batterie mit zwei 24 cm- Kanonen, der *Regelbau 34,* der mit 4700 m^3 Betonvolumen die größte Regelanlage dieses Bauprogramms darstellt. Die beiden Kanonen wurden 1940 wieder aus- und in der Batterie »Oldenburg« bei Calais an der Kanalküste eingebaut.

Sozusagen als artilleristische Krönung erhielt der Westwall zwei mächtige 30,5 cm-Kanonen und eine 10,5 cm-Marineflak, ebenfalls untergebracht in Regelbauten der *Ausbaustufe A.* Die Marineflak sollte bei Bedarf das Rhein-Stauwehr bei Märkt zerstören, was sie dann auch tat.

Zur Panzerabwehr stand der *Regelbau 20* in verschiedenen Versionen zur Verfügung. Einmal mit offener Scharte ohne Panzerschutz, mit Panzer-

Schartenfront einer 17 cm-Marinekanone im Regelbau 30a, 1940.

Hofseite eines Pak-Unterstellraumes (Regelbau 20) bei Nalbach im Landkreis Saarlouis (Aufnahme von 1985).

Gedeckter Zugang zu einem MG-Stand »Limes« Regelbau 23 bei Kronenburg/Eifel.

schutz in *B1* (Platte 100 mm Stahl) oder mit zwei hintereinander eingebauten Platten von je 60 mm Stärke. Eingesetzt wurde die schwache 3,7 cm-Pak 35/36. Von den 591 *Regelbauten 20* wurde eine Anzahl als Pak-Unterstellraum ohne Scharte errichtet. Als Ergänzung der Panzerabwehr entstand der *Regelbau 22* für die wirkungsvolle 8,8 cm-Flak in 54 Exemplaren.

Regelbau 10, Eingangshof 1944.

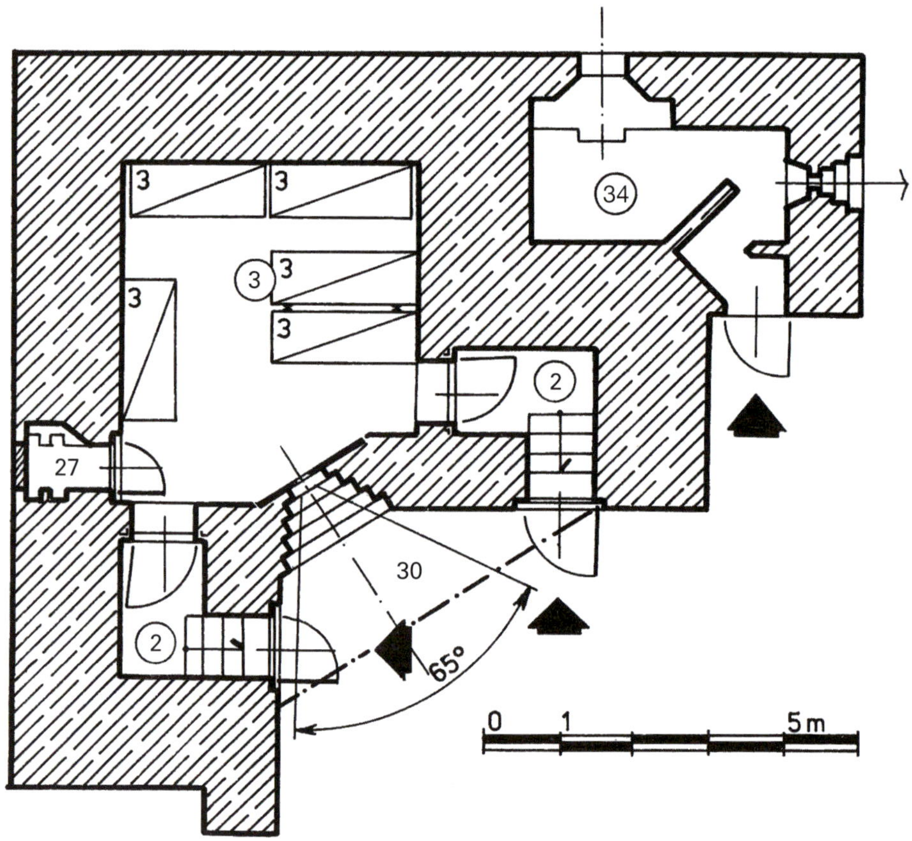

»Limes«-Bauprogramm 1938: Gruppenunterstand für 14 Mann mit angehängtem MG-Kampfraum, Regelbau 10. Zeichnung RJ

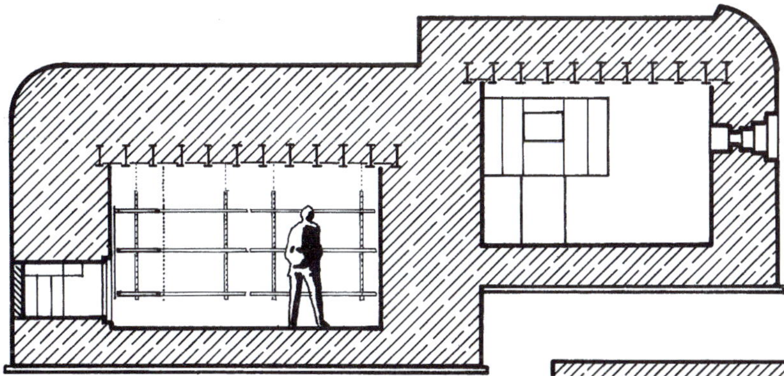

»Limes«-Bauprogramm 1938: Gruppenunterstand Regelbau 10, Schnitt durch den Bereitschafts- und den MG-Kampfraum. Zeichnung RJ

»Limes«-Bauprogramm 1938: Gruppenunterstand mit MG-Kampfraum für 14 Mann, Regelbau 10a. Zeichnung RJ

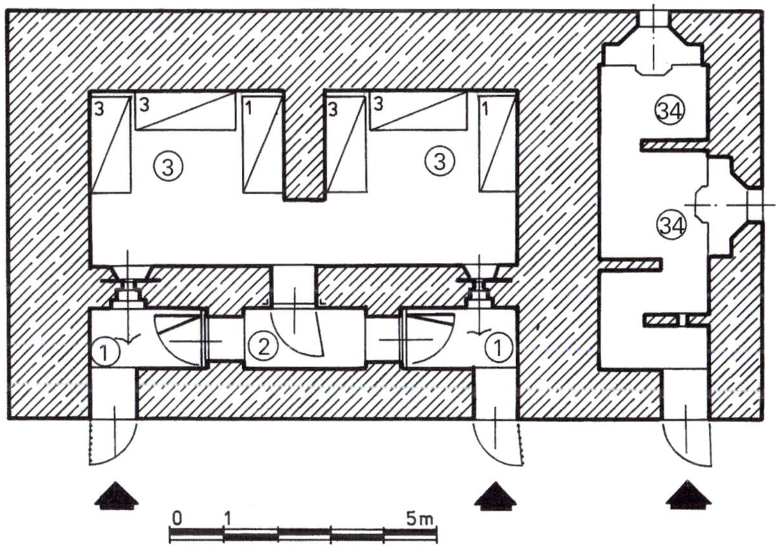

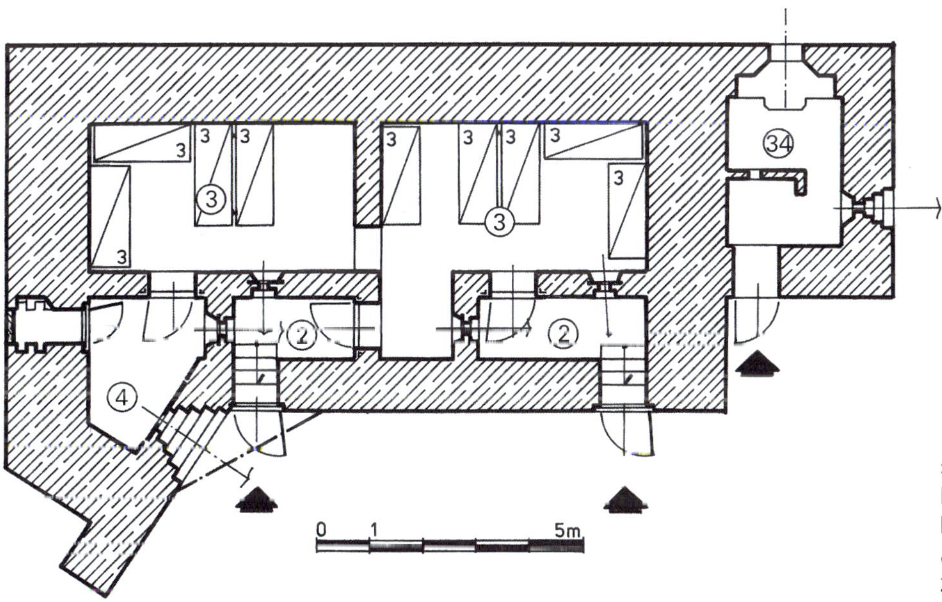

»Limes«-Bauprogramm 1938: Doppelgruppenunterstand Regelbau 11 für 27 Mann mit angehängtem MG-Kampfraum. Zeichnung RJ

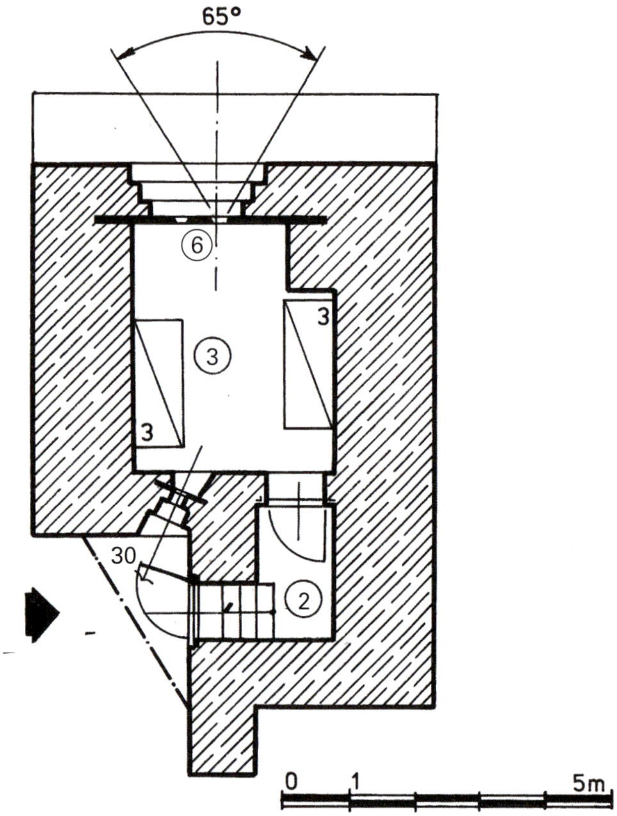

»Limes«-Bauprogramm 1938:
MG-Schartenstand Regelbau 1.
Zeichnung RJ

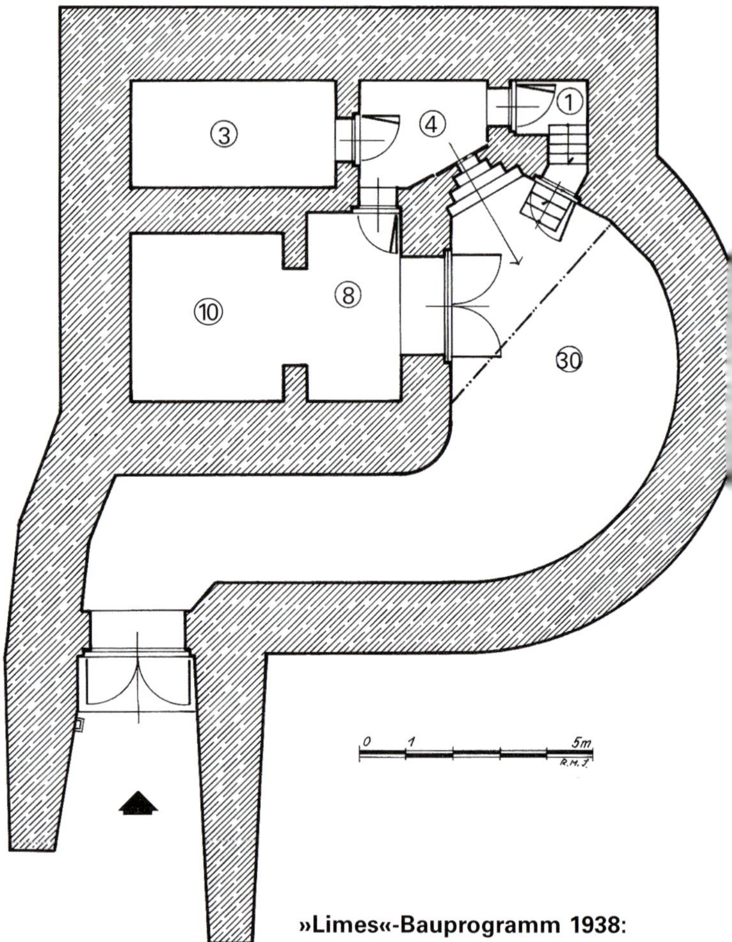

»Limes«-Bauprogramm 1938: Pak-Unterstellraum, erdversenkt. Grundriss der Sonderkonstruktion Regelbau 20 (Anlage abgebrochen). Zeichnung RJ

»Limes«-Bauprogramm 1938: Pak-Unterstellraum, erdversenkt. Schnitt durch den Regelbau 20 (Anlage abgebrochen). Zeichnung RJ

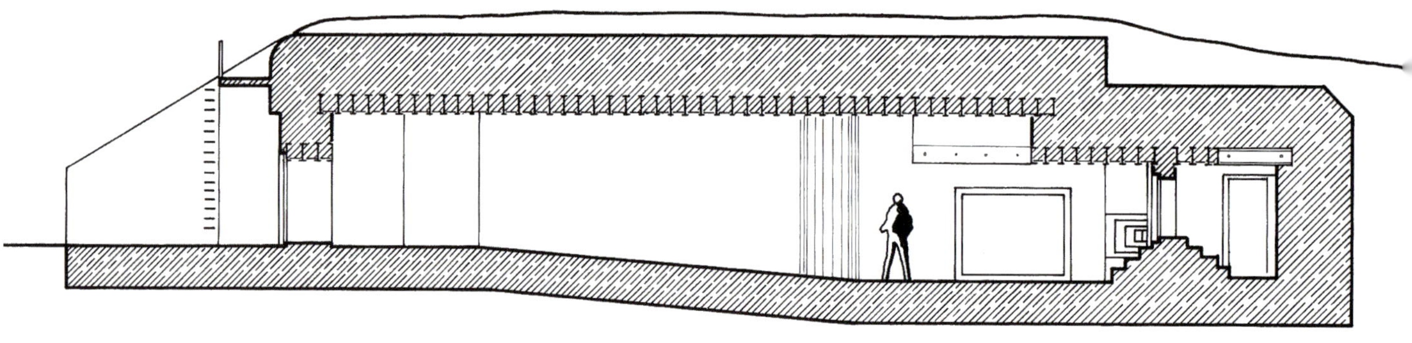

Betonhöcker-Hindernisse

Die charakteristischen Betonhöcker-Hindernisse gegen Panzerfahrzeuge, im Volksmund auch »Drachenzähne« genannt, prägen vielfach die Vorstellung vom Westwall und anderen modernen Befestigungen des 20. Jahrhunderts. Im Vergleich zu anderen Festungsbauten spielten sie allerdings eine eher untergeordnete Rolle, wenngleich sie für Bodenfahrzeuge durchaus achtbare und wirksame Hindernisse darstellten. Sie gehören nicht zu den »Limes«-Regelbauten, sollen aber an dieser Stelle vorgestellt werden.

Höckerlinie auf dem Winterberg bei Saarbrücken, Januar 1941.

Funktion:
Betonhöcker-Hindernisse sollten Kettenfahrzeuge bewegungsunfähig und damit zu leicht bekämpfbaren Zielen für die Panzerabwehr machen. Versuchte ein Panzer über die steilen Betonhöcker zu »klettern«, lief er auf und hing mit der Wanne fest.
Der Westwall erhielt folgende drei Ausführungen:

1. **Modell alter Art 1938**
   Breite des Hindernisses: 7,35 m
   Höckerhöhe: Feindseite 0,6 m, Grundfläche 0,5 x 0,95 m
   Freundseite 1,0 m, Grundfläche 0,5 x 0,9 m
   Baumaterial für 1000 m: 130 t Rundeisen
   2000 m³ Beton
   Bauausführung: zweireihig längs, pro Querreihe 4 Höcker
   Sicherheit: Panzerfahrzeuge bis 20 t
   Insgesamt wurden 97,67 km angelegt. Bei St. Wendel im Saarland blieb noch ein Abschnitt erhalten.

2. **Modell alter Art 1938 verstärkt**
   Breite des Hindernisses: 19,35 m
   Sicherheit: Panzerfahrzeuge aller Gewichtsklassen
   Die Hindernisse wurden dabei von drei auf fünf Reihen Breite verstärkt. Reste können bei Steinfeld/Pfalz besichtigt werden.

3. **Modell neuer Art 1939**
   Breite des Hindernisses: 13,45 m
   Höckerhöhe: Feindseite 0,8 m
   Freundseite 1,5 m, Grundfläche 0,8 x 2,30 m
   Baumaterial für 1000 m: 193 t Rundeisen
   5450 m³ Beton
   Bauausführung: dreireihig längs, 5 – 6 Höcker pro Querreihe
   Sicherheit: Panzerfahrzeuge bis 36 t
   Insgesamt wurden 76,18 km angelegt.
   Zahlreiche Reste sind in der Eifel, im Raum Aachen, in der Südwestpfalz und im Saarland bei Orscholz, Tettingen, Otzenhausen und Saarbrücken anzutreffen.

Siehe dazu auch die Bilder auf den Seiten 172/73 und 174.

Die Luftverteidigungszone West (LVZ West)

Der *Führer und Reichskanzler*, Adolf Hitler, erteilte im Frühjahr 1938 den Ausbaubefehl für eine so genannte *Luftverteidigungszone (LVZ)* hinter dem Westwall. Das *Reichsluftfahrtministerium (RLM)* erteilte daraufhin am 1. Juni 1938 umfangreiche Anweisungen zum Ausbau dieses Flak-Riegels mit Infanterieschutz durch MG-Bunker, Pak-Garagen, Höckerhindernissen usw., wobei die Flakbatterien auch zur Panzerabwehr eingesetzt werden sollten. In einer Linie von Jülich bis Speyer sollten Bauten für 60 schwere und leichte Flakbatterien errichtet werden. Im Süden wurde die LVZ dann aber vom Oberrhein über den Schwarzwald bis zum Bodensee fortgeführt.

Die Leitung des Ausbaus übernahm das *Kommando der Luftverteidigung West* (Flakregiment 29) in Frankfurt am Main, die Ausführung oblag der *Organisation Todt*. Diese zog leistungsfähige Großunternehmen, wie z.B. die Hoch-Tief AG oder die Philipp Holzmann AG heran, die wiederum kleine und mittlere Nachunternehmer verpflichteten. Zur Beschleunigung der Arbeiten wurden zusätzlich 20 Abteilungen mit zusammen rund 4200 Mann des *Reichsarbeitsdienstes* eingesetzt. Bis zum 1. Mai 1940 konnten so mehr als 1500 Bunkeranlagen errichtet werden. Eine Aufstellung von 1943 wies 1735 Bunker in der LVZ nach.

Für die LVZ entwarf die *Organisation Todt* in Zusammenarbeit mit der Luftwaffe sieben Bunkertypen. Diese wurden teilweise von »Limes«-Regelbauten abgeleitet und in der gleichen *Ausbaustufe B (alt)* errichtet. Lediglich die Panzerbauteile, wie Türen, Öfen und Lüfter, waren eigenständige Entwicklungen, die ausschließlich in der LVZ zum Einbau kamen.

Dieser verbunkerte Hochbehälter bei Gemünd ist noch in Betrieb (1996).

Anzahl	Bezeichnung	Beschreibung
251	»B«-Stand	MG-Schartenstand (wie *Regelbau 1 »Limes«*)
470	»F«-Stand	Führerstand für 18 Mann (wie *Regelbau 10a »Limes«*; Entwurf des Standes von Hitler)
43	»K«- Stand	Gefechtsstand für 24 Mann (wie *Regelbau 31 »Limes«*)
172	»M«-Stand	Munitionsraum Wandstärke 1 m, Decke 1,5 m
141	»Pz«-Stand	Pak-Unterstellraum mit Kleinstglocke für 15 Mann
438	»U«-Stand	Doppelgruppenunterstand für 27 Mann (wie *Regelbau 11 »Limes«* ohne angehängten Kampfstand)
29	»V«-Stand	Gruppenunterstand am Vorderhang für 12 Mann (wie *Regelbau 10b2 »Limes«*)

Im Unterschied zum Westwall erhielt die LVZ eine eigene Wasserversorgung. Zahlreiche verbunkerte Pumpstationen und Hochbehälter, oftmals als individuelle Konstruktion ausgeführt, versorgten über ein kilometerlanges Rohrleitungssystem die einzelnen Bunkeranlagen. Abgelegene Anlagen wurden mit eigenen Tiefbrunnen ausgestattet.

Die Regelbauten der LVZ wurden mit Buchstaben bezeichnet. Die obige Tabelle gibt Auskunft über Zahl und Typ der Anlagen.

Das Modell »U« ist auch ohne *Flankierende Anlage* ausgeführt worden. Vom Pak-Unterstell-

Lagerstollen in der Luftverteidigungszone West, 1940.

Horchgerät in der Luftverteidigungszone West, 1940.

raum »Pz« blieb nur noch ein Exemplar im Saarland erhalten, leider ist die Anlage übererdet und nur die Beobachtungsglocke noch sichtbar. Von den Ständen »V« sind nach heutigen Erkenntnissen keine ungesprengt erhalten geblieben. Alle anderen Regelbau-Typen der LVZ sind intakt hauptsächlich noch im Saarland und Rheinland-Pfalz anzutreffen. Bei Trier befindet sich ein vollständig erhaltenes Hohlgangsystem zur Wasserversorgung mit einer Brunnenkammer, einem Pumpenmaschinenraum und zahlreichen wassertechnischen Anlagen. Die Eingänge sind durch Natursteinmauerwerk getarnt und nur an den für die LVZ charakteristischen Stahltüren zu erkennen. Sie wurden verschlossen, um einer beginnenden Zerstörungswut Einhalt zu gebieten.

Schlimmer als Randalierer und Verwüster wirken sich jedoch staatliche und andere Abrisspläne auf die letzten dieser seltenen, intakt erhaltenen Bauwerke aus. Bauvorhaben aller Art dezimieren die wenigen noch vorhandenen Reste der LVZ und des Westwalls zusehends. Sogar in Fällen, bei denen Bauten durch offizielle Stellen zunächst unter Schutz gestellt wurden, konnte deren Zerstörung aufgrund so genanntem *übergeordneten Interesses* nicht verhindert werden. Lediglich ein Tropfen auf den heißen Stein ist die begrüßenswerte Tatsache, das zahlreiche im Denkmalschutz engagierte Bürger in Privatinitiative Bunker erworben haben, um sie für die Nachwelt zu erhalten.

8,8 cm-Flak mit Bedienung in der Luftverteidigungszone West, 1940.

3,7 cm-Flak 36 mit Geschützbedienung in der Luftverteidigungszone West, 1940.

Die 3,7 cm-Flak 36 mit großer Rohrerhöhung.

150 cm-Flakscheinwerfer, im Hintergrund eine 8,8 cm-Flak.

Eine 2 cm-Flak 30 mit ihrer Bedienung, April 1942.

Inschrift in einem Gruppenunterstand F der Luftverteidigungszone West (1998).

Mit einem Wohnhaus überbauter Doppelgruppenunterstand U der Luftverteidigungszone West bei St. Wendel (1998).

Propagandapostkarte vom Westwall: Eingangshof eines Bunkers.

Propagandapostkarte vom Westwall: Stolleneingang.

8,8 cm-Flak in einer betonierter Feuerstellung der LVZ West, 1940. FD

Eingang zum Doppelgruppen-Unterstand »Bunker Richthofen«. Luftverteidigungszone West, 1940. FD

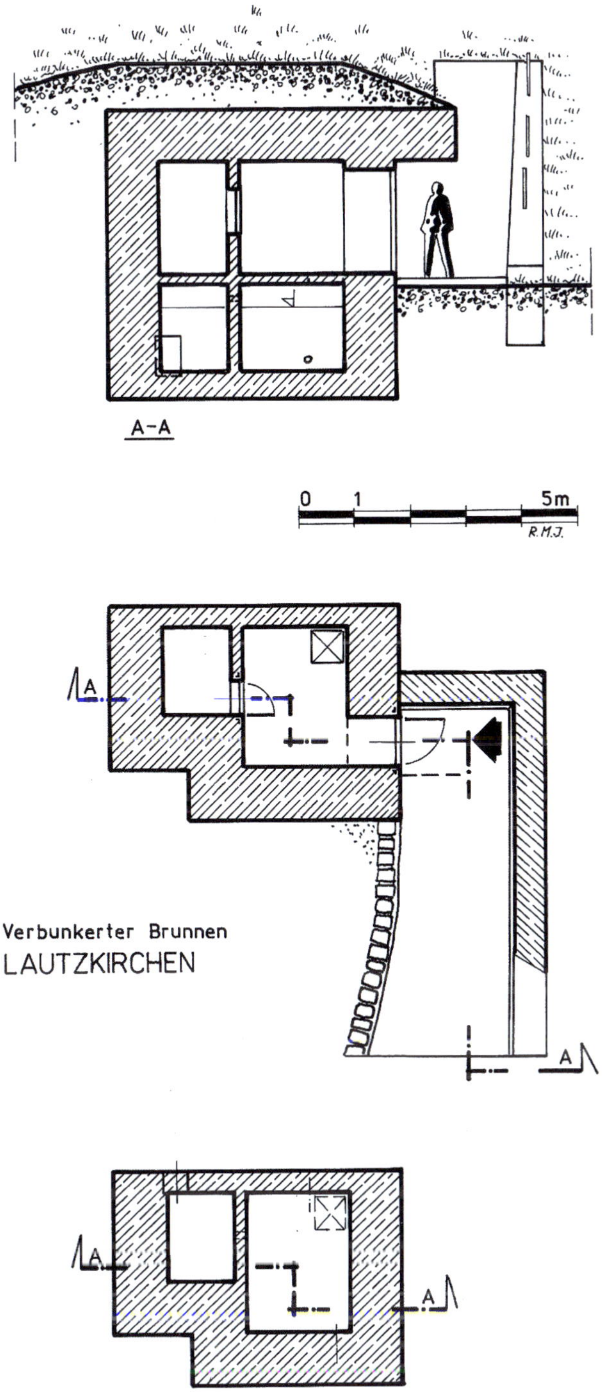

Verbunkerter Brunnen in Blieskastel-Lautzkirchen zur Versorgung einer Pferdetränke, bis heute funktionsfähig.
Zeichnung RJ

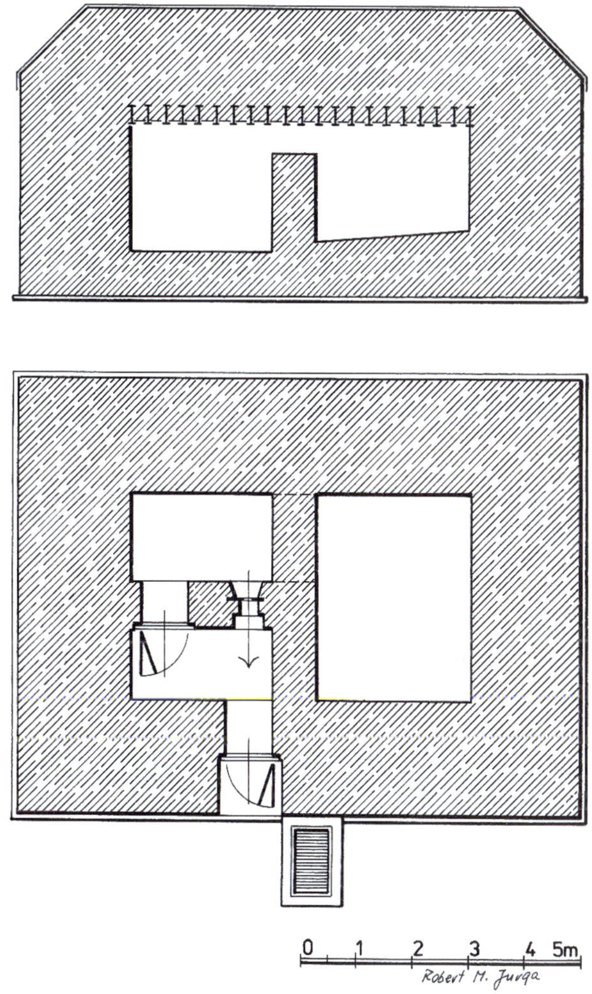

Regelbau W13: Wasserbehälter für 13 m³ von 1939.
Zeichnung RJ

Die Bauten des Jahres 1939

Die verwirrende Anzahl von Typen des »Limes«-Bauprogramms schrie förmlich nach einer Vereinfachung; außerdem war es an der Zeit, neue und fortschrittlichere Regelbauten zu planen. Diese neuen Regelbauten, zunächst von 1 bis 17 durchnummeriert, wurden am 4. Dezember 1939 mit den roten Nummern 101 bis 130 bezeichnet (um Verwechslungen zu vermeiden!) und dann im Laufe des Jahres 1939 bis zur Nummer 139 erweitert. Es durfte nur noch in den *Ausbaustufen B (neu)* und *A* gebaut werden. Die Raumhöhe wurde in *B* auf 2,10 m und in *A* auf 2,50 m festgelegt.

Für diese neuen Regelbauten waren vier Varianten vorgesehen:

a mit Flankierungsanlage und Infanteriebeobachtungskleinstglocke
b mit Flankierungsanlage und Sehrohr
c ohne Flankierungsanlage mit Infanteriebeobachtungskleinstglocke
d ohne Flanierungsanlage mit Sehrohr

Alle Regelbauten waren nach einer Art Baukastensystem entworfen worden. An die gleiche Anordnung von Bereitschaftsraum mit Eingangsschleuse schlossen sich die Kampf- und Nebenräume an. Schartenplatten waren jetzt wieder Standard. Angehängte Kampfräume und offene Maulscharten wurden nicht mehr eingesetzt. Auch die spiegelbildliche Ausführung war jetzt gestattet.

Hinweisschild im Westwallvorfeld 1939.

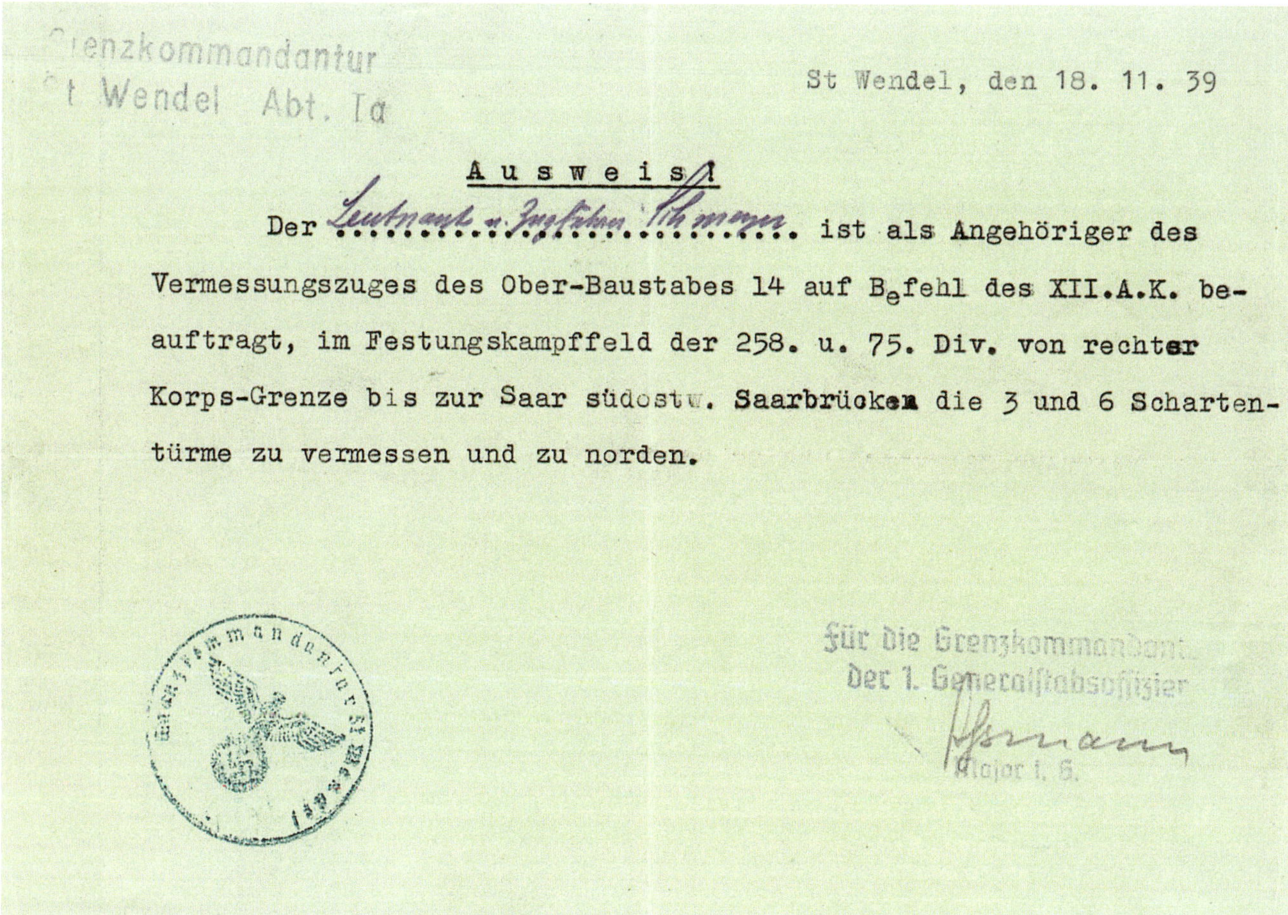

Grenzkommandantur
St Wendel Abt. Ia

St Wendel, den 18. 11. 39

Ausweis!

Der Leutnant u. Zugführer Schmezer ist als Angehöriger des Vermessungszuges des Ober-Baustabes 14 auf Befehl des XII.A.K. beauftragt, im Festungskampffeld der 258. u. 75. Div. von rechter Korps-Grenze bis zur Saar südostw. Saarbrücken die 3 und 6 Schartentürme zu vermessen und zu norden.

Für die Grenzkommandantur
Der 1. Generalstabsoffizier
[Unterschrift]
Major i. G.

Berechtigungsausweis für den Zugführer eines Vermessungszuges vom November 1939.

Schilder der Erbauer, wie dieses hier, wurden in den Bunkern angebracht.

Französische Luftaufnahme des Westwalls vom 30. September 1939.

Französische Luftaufnahme des Westwalls vom 30. September 1939.

Das Neubauprogramm 1939

Zur Verfügung standen folgende Regelbauten:

6 Mannschaftsunterstände
6 MG-Stände mit Schartenplatten
2 Dreischartentürme in B-Beton
3 Dreischartentürme in A-Beton
2 Sechsschartentürme in B-Beton
4 Sechsschartentürme in A-Beton
3 Panzerabwehrkanone Pak
2 Pak und MG
1 Sanitätsunterstand
1 Unterstand für Batterieführung
1 Gefechtsstand
2 Artilleriebeobachter in B-Beton
1 Artilleriebeobachter in A-Beton

Fünf Typen von Regelbauten sind, nach heutigen Erkenntnissen, nicht zur Ausführung gekommen. Dafür konnten Festungsforscher im Bereich zwischen Saarbrücken und Zweibrücken eine ganze Anzahl von weitgehend baugleichen Anlagen der *Baustufe A* für Drei- und Sechsschartentürme festgestellt und vermessen werden, die nicht in den Regelbaulisten enthalten sind. Die Stückzahlen der gebauten Anlagen sind sehr unterschiedlich. Die meistgebauten Regelbauten mit je über 600 Exemplaren sind die *Gruppen- und Doppelgruppenunterstände 101* und *102.* Dann folgt die *MG-Kasematte 105* mit 513 Stück. Vom mit 2884 m³ Betonvolumen größten *Regelbau 131* (Stand mit Sechsschartenkuppel, zweistöckig in *Ausbaustufe A*) konnte die Westwallforschung bis Ende 2002 nur drei gesprengte und übererdete Exemplare nachweisen.

Alle Kampfräume mit frontal wirkender Waffe sollten mit einer 20 cm starken Panzerstahlplatte ausgestattet werden. An MG-Platten standen zwei

Stand mit Dreischartenturm an der Straßenbrücke Beckingen/Saar, 1939. FA

Dreischartenpanzerkuppel für MG des Brückensicherungsbunkers Beckingen/Saar, 1939. FA

Eingangshof eines Regelbaus 108b mit Drahtabspannung für Tarnmaterial. Raum Saarbrücken, 1939.

Regelbau 116d in Saarbrücken (Deutsch Mühlental), 1942. Zu 80% erhalten.

1940 am Bienwald bei Karlsruhe: Hinweisschild auf Minenfelder.

Modelle zur Verfügung: *6P7* mit Schieberverschluss und die moderne Ausführung *78P9* mit so genanntem Kugelkalottverschluss. Von *6P7* liegen keine Produktionszahlen vor, es dürften aber um die 100 Stück gewesen sein. Selbst in die B-Werke, für deren flankierende Anlage die Platte *6P7* eigentlich vorgesehen war, kam in der Regel die 10 cm starke *7P7* zum Einbau. Nur zwei *6P7* sind in *Regelbauten 108* im Saarland erhalten.

Von den *78P9* wurden die ersten fünf 1938 ausgeliefert und im Brückensicherungswerk in Merzig in vier Exemplaren eingebaut. Sie wurden beim teilweisen Abbruch der Anlage 1980 verschrottet. Von den 68 im Westwall eingebauten *78P9* sind heute noch drei erhalten. Eine davon im Vereinsbunker der *Interfest e.V.* in Saarbrücken, einem *Regelbau 108b*. Um den Mangel an B-Platten auszugleichen, wurden vereinzelt zwei *7P7*-Platten hintereinander eingebaut, die aber bei weitem nicht die Widerstandfähigkeit einer Panzerstahlplatte B hatten. Von der *Panzerstahlplatte 485P2* für Pakbunker wurden nur zwölf Stück geliefert. Keine blieb im Westwall erhalten.

Eine zweite Gruppe sind die abgeänderten Regelbauten. Beispielsweise wurden in der Hochwasserzone an der Saar die Regelbauten mit Sechsschartenkuppel statt eines Eingangshofes mit Treppenhäusern versehen. Der Autor errechnete bei einem 1999 abgebrochenen *Regelbau 115a* ein Betonvolumen von mehr als 3000 m³! Andere Bauwerke wurden in der Raumaufteilung und -anordnung verändert.

Die vom OKH herausgegebene Zeitschrift *Die Wehrmacht* beschäftigte sich in der Februar Ausgabe 1939 mit der Luftverteidigungszone West.

Doppel-MG-Kasematte mit Hohlgangsanschluss in Igel bei Trier 1940. Die Ruine ist heute noch sichtbar. FD

Die dritte Gruppe bilden die verhältnismäßig oft auftretenden Sonderkonstruktionen. Diese entstanden dort, wo keine Regelbauten eingesetzt werden konnten. Sonderkonstruktionen bedurften einer besonderen Baugenehmigung der *Inspektion der Westbefestigungen* in Wiesbaden.

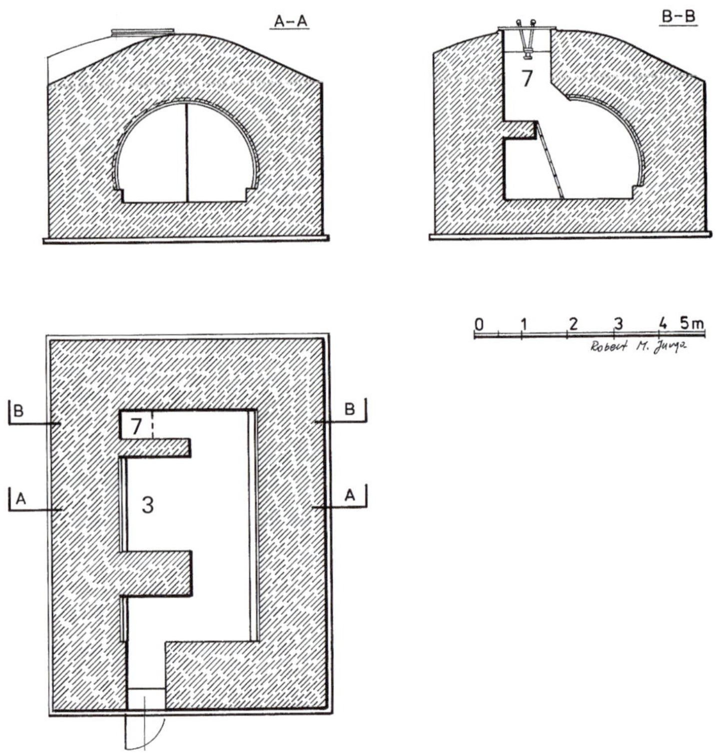

Regelbau 395: Wellblechunterstand in Stampfbeton als *Behelfsmäßiger Artilleriebeobachter* mit Scherenfernrohr aus dem Jahr 1939.
Zeichnung RJ

Neubauprogramm 1939: Gruppenunterstand Regelbau 101v (v=verkleinert) für 15 Mann mit Eingangssicherung (Anlage übererdet erhalten).
Zeichnung RJ

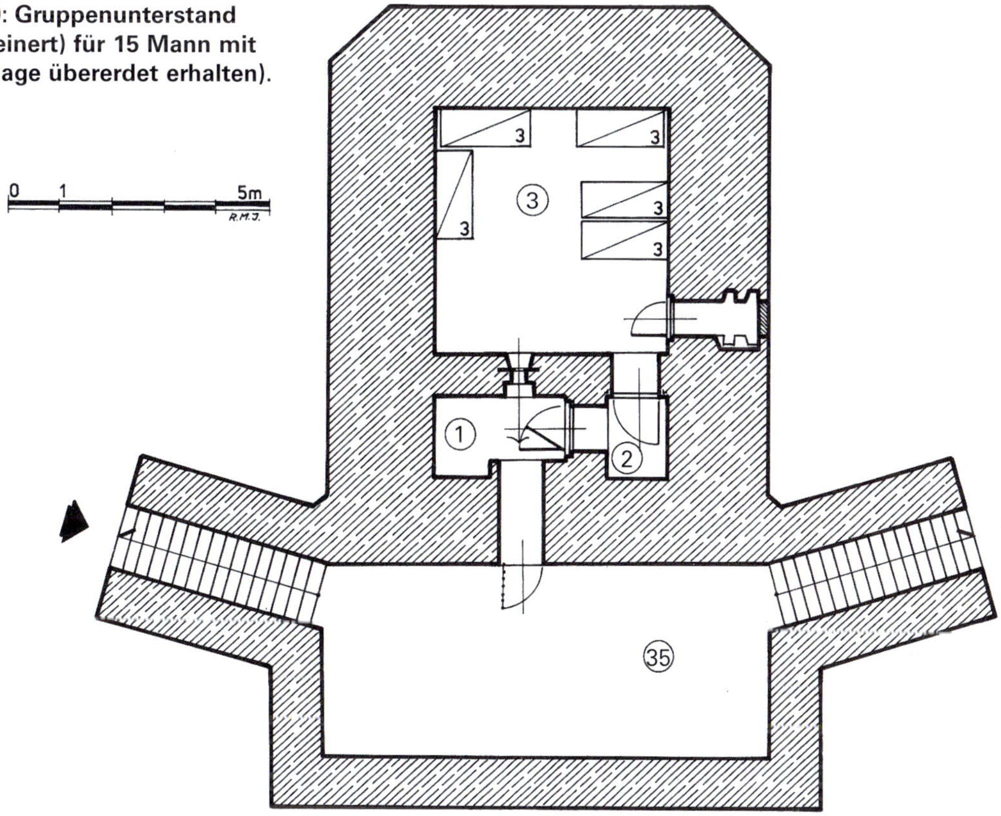

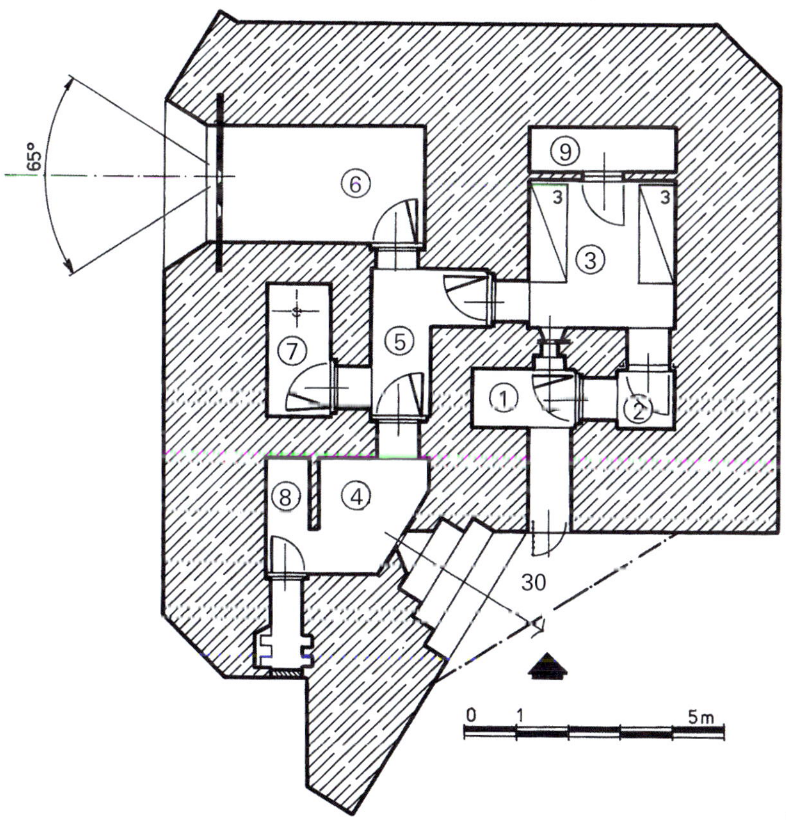

Noubauprogramm 1939, Regelbau 105b: MG-Kasematte mit Sehrrohr und flankicrender Anlage.
Zeichnung RJ

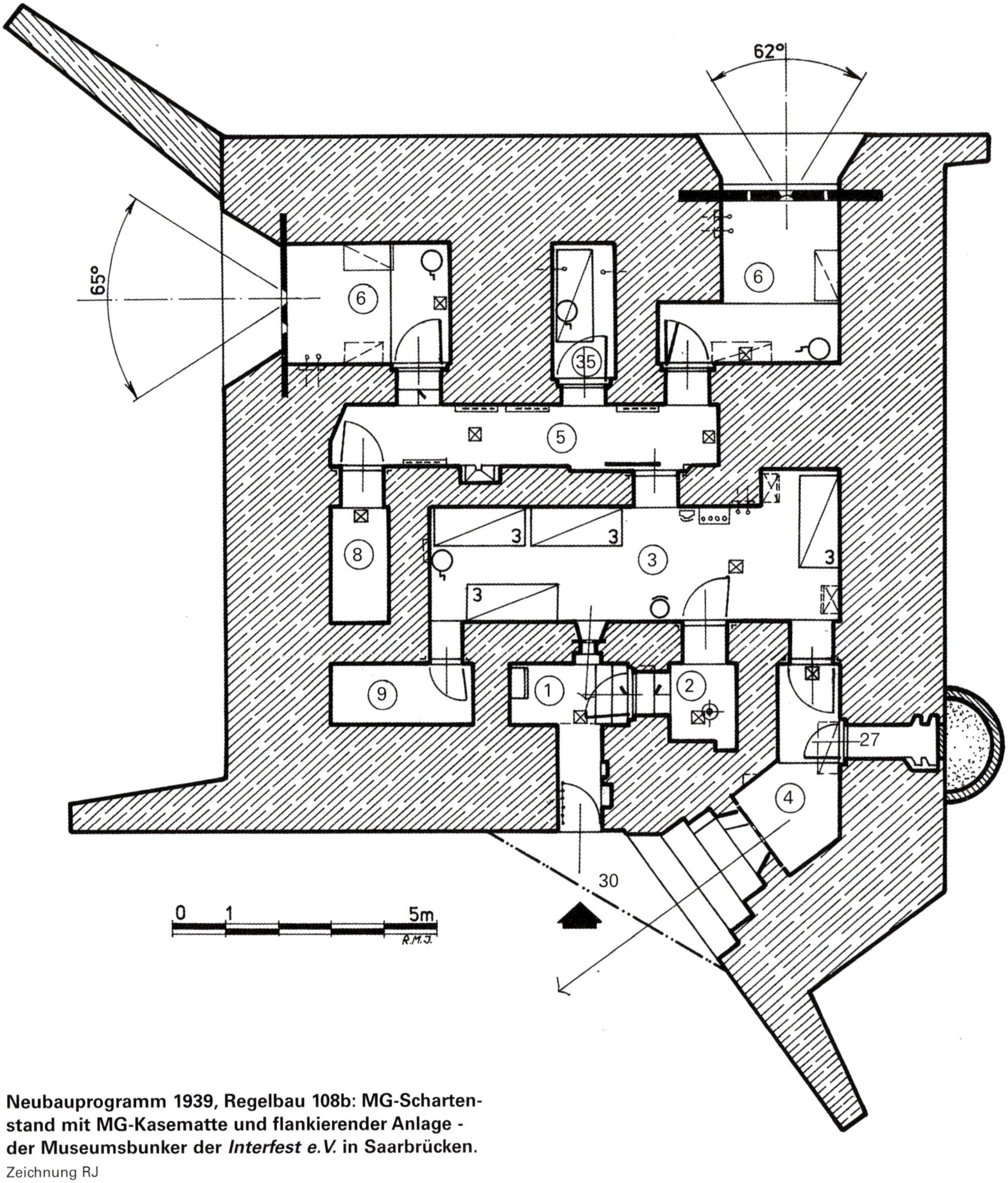

Neubauprogramm 1939, Regelbau 108b: MG-Schartenstand mit MG-Kasematte und flankierender Anlage - der Museumsbunker der *Interfest e.V.* in Saarbrücken.
Zeichnung RJ

Neubauprogramm 1939, Regelbau 111a: Stand für Dreischartenkuppel und Infanteriegruppe (intakt erhalten). Zeichnung RJ

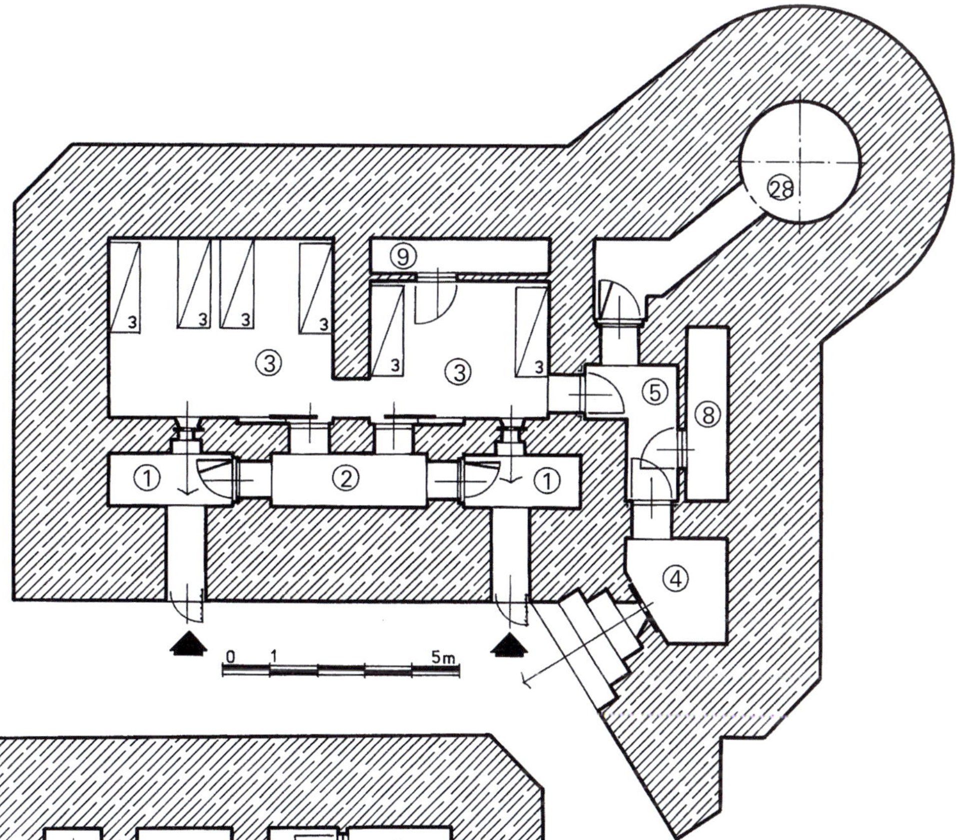

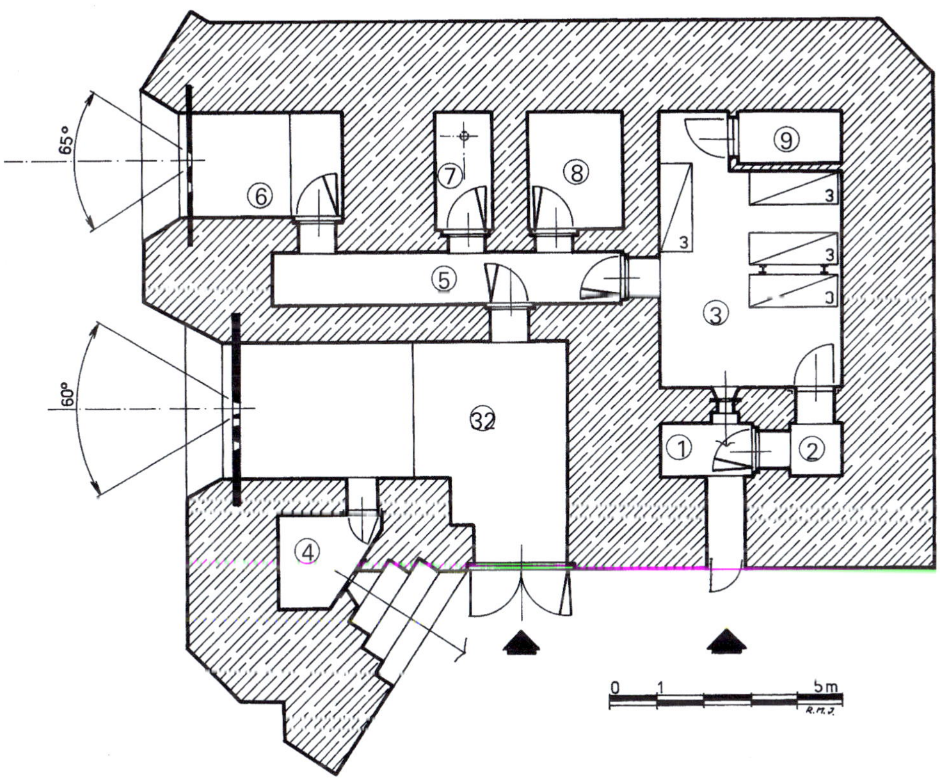

Neubauprogramm 1939, Regelbau 116b: Pak-/MG-Kasematte. Spiegelbildlich so aufgebaute und zu 90% erhaltene Anlage in Saarbrücken zu sehen.
Zeichnung RJ

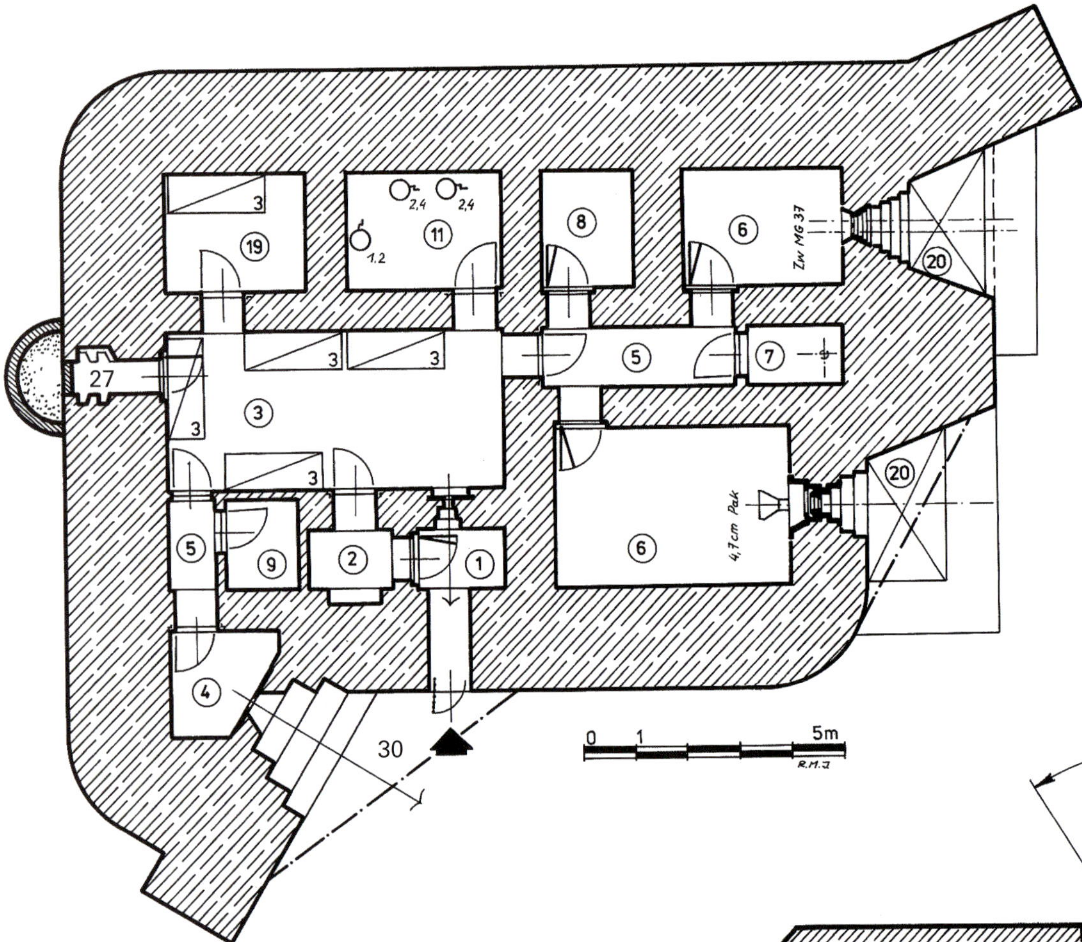

Regelbau 139a für 4,7 cm-Pak 36(t) und Zwillings-MG 37(t) von 1940 (heute Gaststätte »Bunkerklause« in Saarbrücken).
Zeichnung RJ

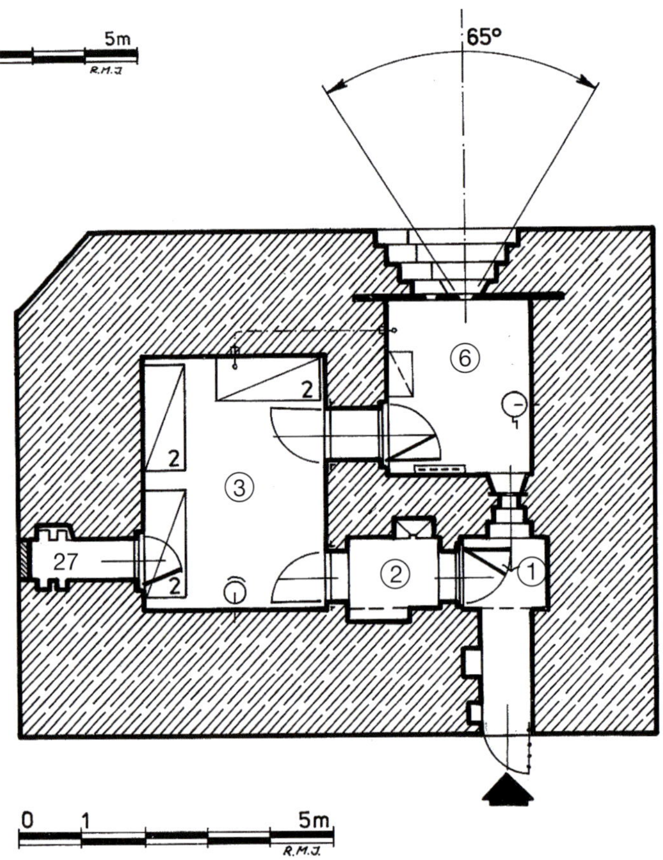

Sonderkonstruktion in Ausbaustufe B neu: MG-Schartenstand mit Schartenplatte 7P7 in Saarbrücken (Anlage angesprengt).
Zeichnung RJ

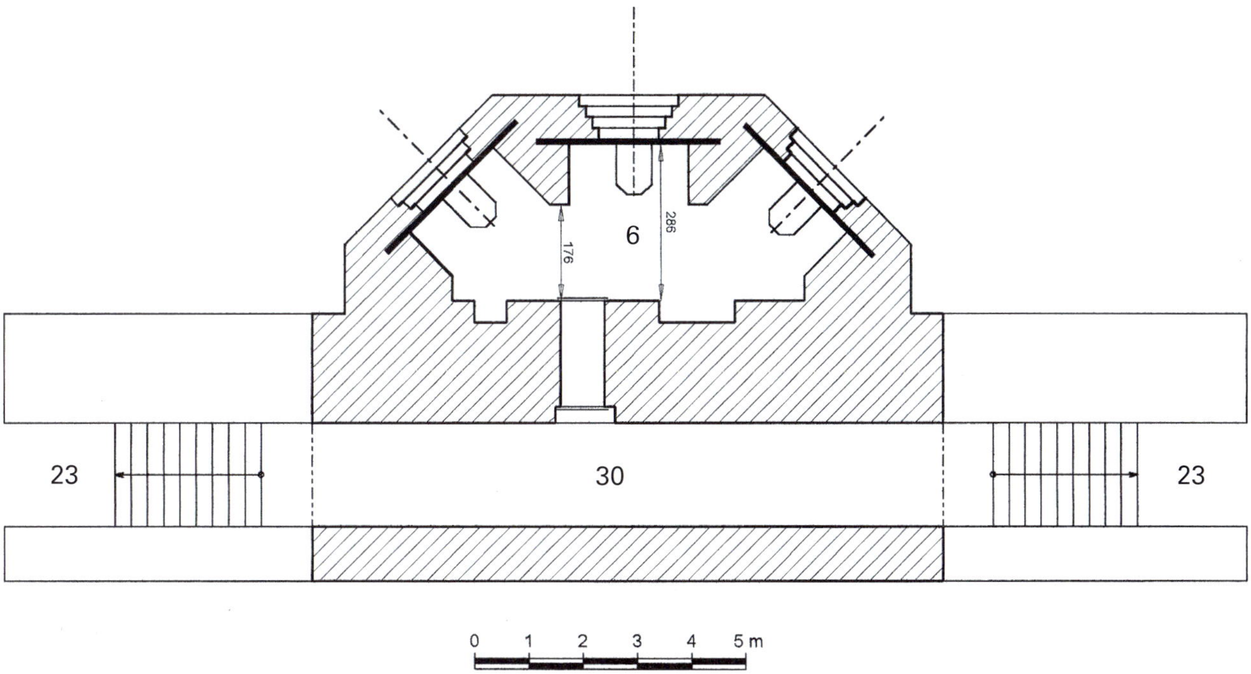

Sonderkonstruktion MG-Dreifachschartenstand in Ausbaustufe B neu (Anlage gesprengt). Zeichnung MB

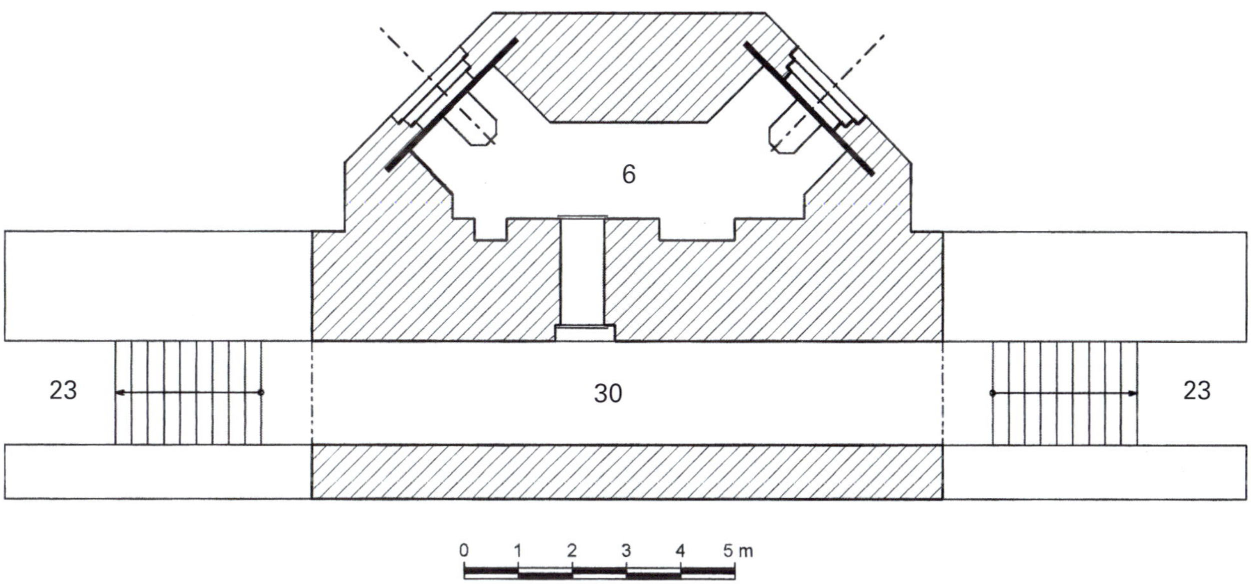

Sonderkonstruktion MG-Doppelschartenstand in B neu (Anlage gesprengt). Zeichnung MB

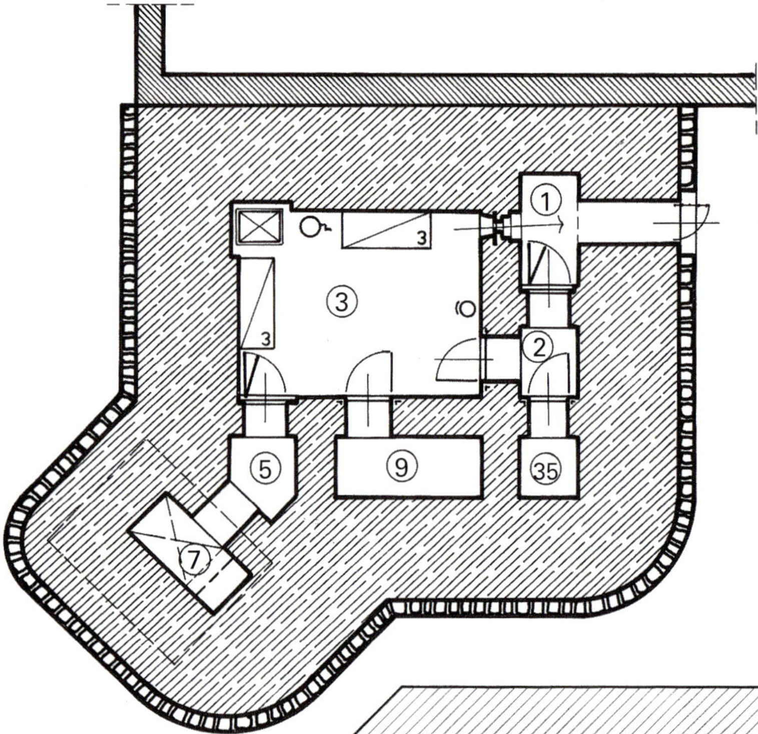

Sonderkonstruktion: Behelfsmäßiger Artilleriebeobachter in B neu mit Deckenplatte 7P7, 1939 bei Pirmasens errichtet (Anlage gesprengt).

Zeichnung RJ

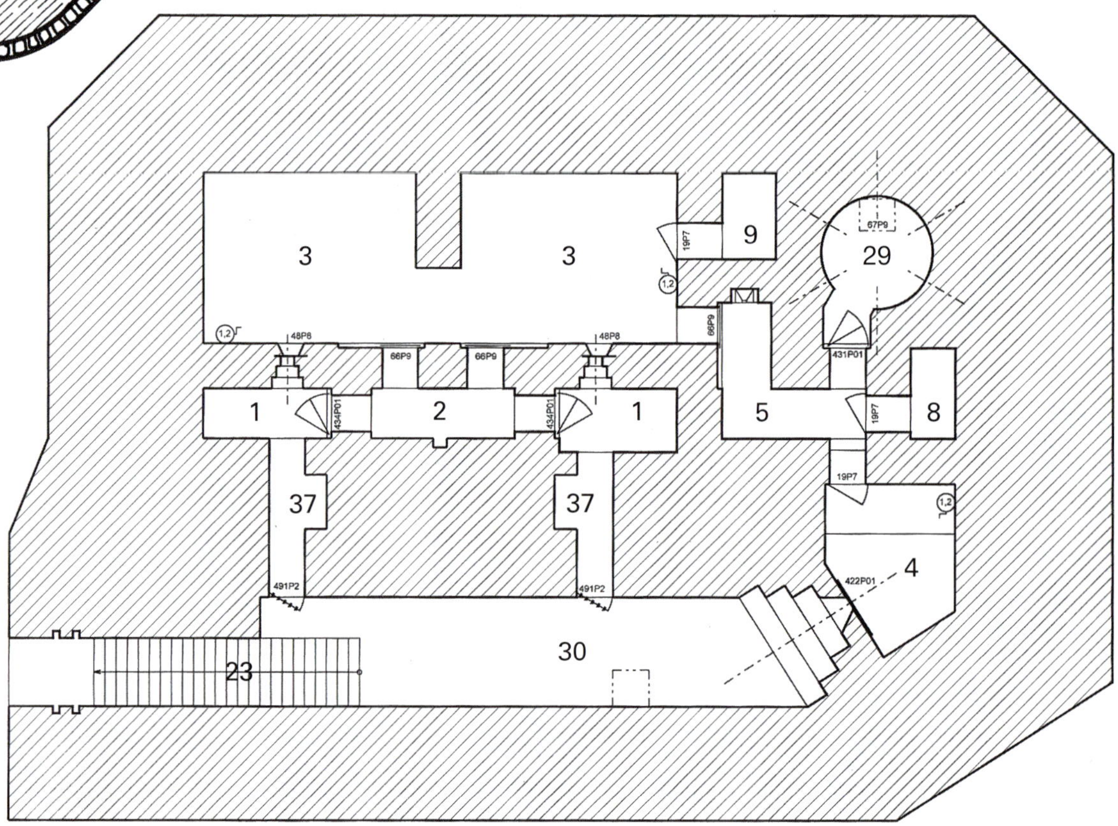

Sonderkonstruktion Regelbau 115 a: Stand in A mit Sechsschartenturm in B bei Völklingen-Luisenthal (WH-Nr. 345, Anlage 1999 vollständig abgebrochen)

Zeichnung MB

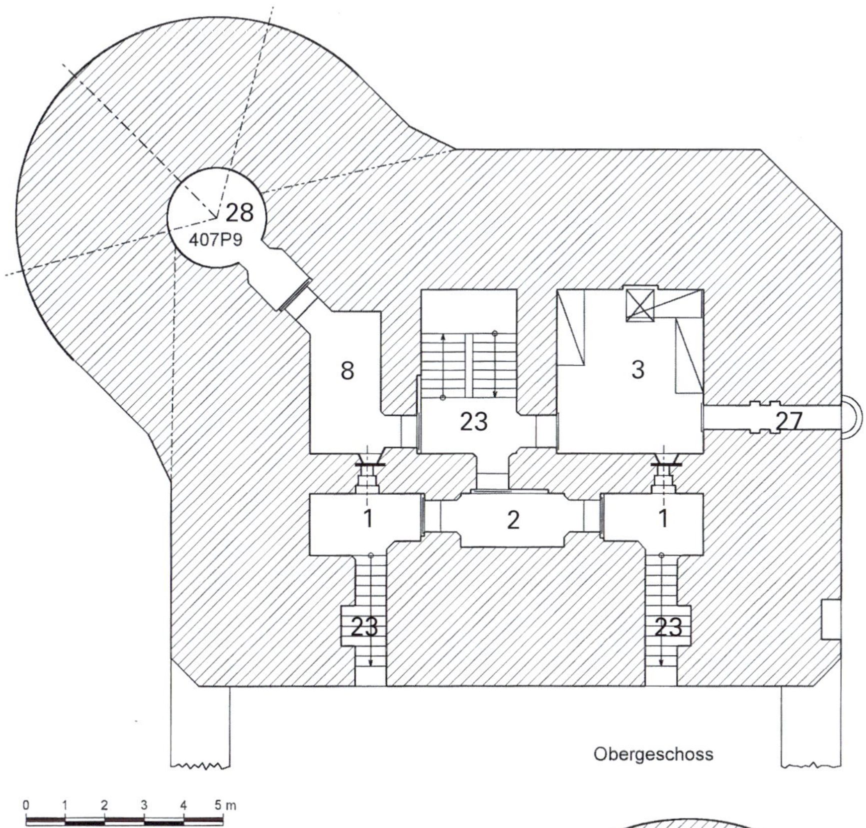

Sonderkonstruktion: Obergeschoss eines Standes mit Dreischartenturm (B) in Ausbaustufe A bei Blieskastel-Alschbach (Anlage gesprengt und abgebrochen). Zeichnung MB

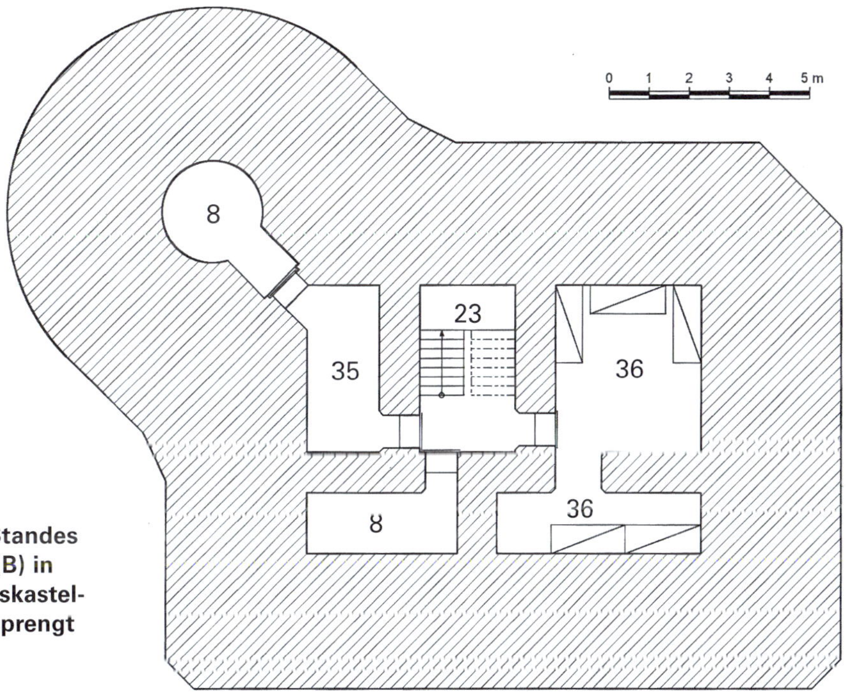

Sonderkonstruktion: Untergeschoss eines Standes mit Dreischartenturm (B) in Ausbaustufe A bei Blieskastel-Alschbach (Anlage gesprengt und abgebrochen).
Zeichnung MB

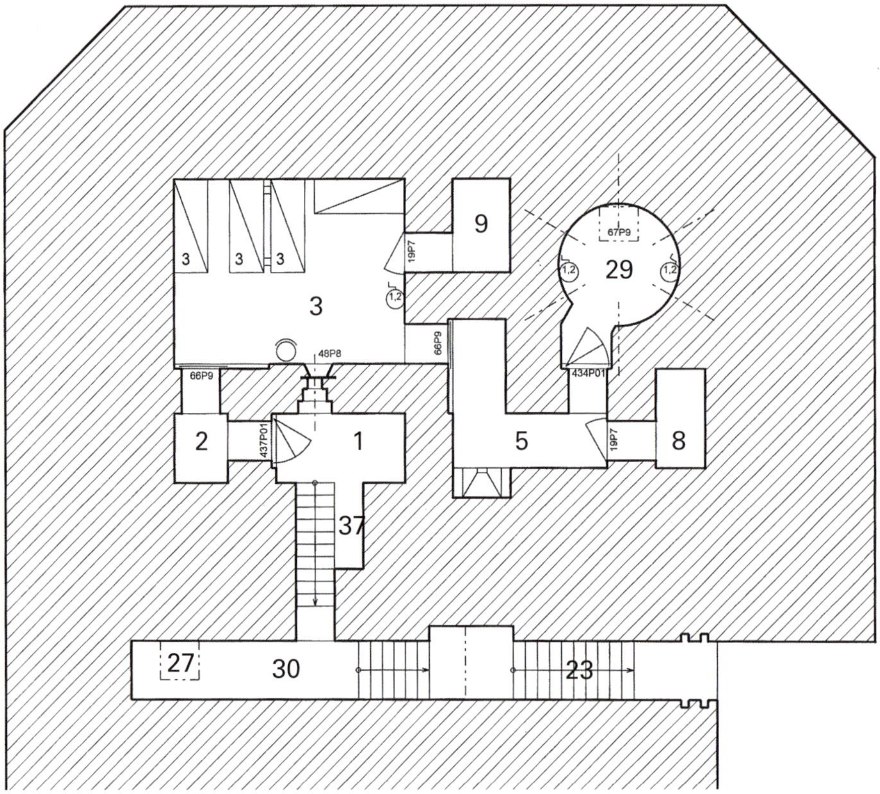

Neubauprogramm 1939: Regelbau 114b der Ausbaustufe A mit Treppenhaus bei Völklingen/Saar (intakt erhalten). Zeichnung MB

A-Bauwerke

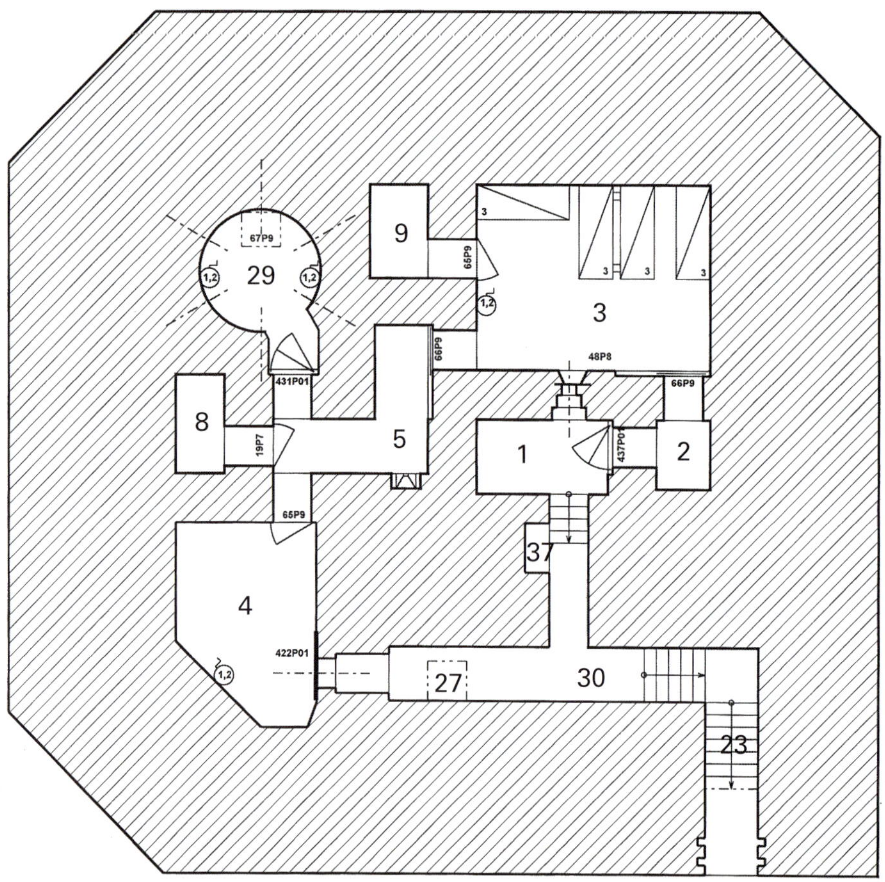

Neubauprogramm 1939: Sonderkonstruktion Regelbau 114a der Ausbaustufe A bei Ensdorf/Saar (2001 abgebrochen). Zeichnung MB

Die Kriegsregelbauten

Als am 1. September 1939 deutsche Truppen in Polen einmarschierten – wenige Tage später marschierten sowjetische Truppen von Osten ein – und am 3. September Frankreich und Großbritannien Deutschland den Krieg erklärten, war der Westwall in weiten Teilen noch Baustelle und nur wenige Bunker voll einsatzbereit.

Auch die Wehrmacht befand sich noch in der Aufbauphase. Mit dem Nichtangriffspakt zwischen dem Deutschen Reich und der Sowjetunion vom 23. August 1939 und der vorherigen Aufteilung Polens in Interessenssphären unter beiden Staaten, war erst ein Angriff von Westen ermöglicht worden. Dabei sollte nicht verkannt werden, dass die polnische Regierung, sich auf den Beistand Frankreichs und Großbritanniens verlassend, selbst Kriegspläne schmiedete und jeder diplomatischen Lösung des drohenden Konflikts aus dem Gefühl einer vermeintlichen Überlegenheit heraus abgeneigt war.

Reichsarbeitsdienst beim Grabenbau bei Berus im Landkreis Saarlouis, 1940.

Reichsarbeitsdienst beim Ausheben eines Schützengrabens, Winter 1939/40.

Nach der Besetzung der Baltischen Staaten und Ostpolens durch die Sowjetunion, begann diese ihren Machtbereich mit der nach ihrem Außenminister benannten Molotow-Bunkerlinie zu sichern.

Am Westwall tat sich indes wenig. Aufgrund von Materialverknappung und eines Produktions-

Reichsarbeitsdienst beim Stollenbau bei Berus, 1940.

Heeressoldaten beim Einbau so genannter *Siegfriedrahmen* am Pellinger Berg, 1940.

Ein Abteilungsführer des Reichsarbeitsdienstes auf Kontrollritt im Westwallabschnitt Merzig/Saar, 1940.

stopps für schwere Panzerbauteile wurden erst ab 29. September 1939 nach und nach die neuen Regelbauten der *Serie 500* zum Bau freigegeben. Diese als *Kriegsregelbauten* bekannten Bunker waren gegenüber der *Serie 100* vereinfacht und an Baustoffmengen reduziert worden. Ein Beispiel: 590 m^3 beim *Regelbau 101b* zu 336 m^3 beim Nachfolgemodell *Regelbau 501* entsprach einer Verringerung des Betonvolumens um ca. 40%.

Jedenfalls wurden vom 24. Dezember 1938 bis zum Juni 1940 mehr als 5150 Bauwerke in *Ausbaustufe B neu* und ca. 330 in *Ausbaustufe A* errichtet.

Waschtag im Eingangshof des Bunkers »Warschau« (Neubauprogramm 1939), 1940.

Bereitschaftraum im Bunker mit Sinnspruch, 1940.

Putz und Flickstunde am Bunker, 1940.

Flankierende Anlage des Bunkers »Przemysl« (Neubauprogramm 1939), 1940.

Die Kriegsregelbau-Typen

Nr.	Bezeichnung	gebaute Anzahl im Westwall	davon erhalten, inkl. Spichern
501	Gruppenunterstand	29	6
502	Doppelgruppenunterstand	6	–
503	MG-Kasematte mit Gruppe	60	9
504	Pak-Unterstellraum mit Gruppe	16	5
505	Pak-Kasematte	12	1
506a/b	Pak-Kasematte für 4,7 cm Pak tschechisch	20	2
507	Geschützstand für sFH 18, 10 cm-Kanone	28	–
508	Geschützstand für sFH 18	nicht ausgeführt	
509a	Artillerie Beobachter behelfsmäßig	87	5
509b	Artillerie Beobachter behelfsmäßig	117	–
509c	Artillerie Beobachter behelfsmäßig	93	9
510	Geschützstand für lFH 18	27	1
511	Geschützstand für lFH 18	24	13
512	Munitionsstand	nicht ausgeführt	
513	Munitionsstand	nicht ausgeführt	
514	MG-Kasematte	29	2
515	MG-Kasematte	28	3
516a	Einheitsgeschützstand	24	3
516b	Einheitsgeschützstand	nicht ausgeführt	
517	Geschützstand (offen) für 8,35 cm-Flak (t)	nicht ausgeführt	
518	Doppelgeschützstand	nicht ausgeführt	
SK6a	Stand mit Sechsschartenkuppe in D (50 mm)	11	1 ohne Kuppel
SK51	Unterstand für Grabenstellung	wenige	4
SK51a	Unterstand für Grabenstellung mit Überdeckung	wenige	4

Die Kriegsregelbauten kennzeichneten sich durch das Fehlen von Regelbauten für Türme aller Art.

Die behelfsmäßigen Artilleriebeobachter-*Regelbau 509a – c* sollten mit der neu entwickelten *kleinen Artilleriebeobachtungsglocke* ausgestattet werden. Da diese aber noch nicht verfügbar war, wurde der Kuppelschacht mit einer schräg aufliegenden *Stahlplatte 7P7* abgesichert. Von einer Plattform aus konnte dann ein Scherenfernrohr aufgestellt und durch die Scharte beobachtet werden. Mindestens 297 *Regel-*

Eingang zum Pionierlager Steinfeld-Ost, 1940.

Regelbau 115a »Elephant« A7 bei Iffezheim, 1940. FA

Regelbau 115a »Elephant« A7, Rückfront. FA

Hofseite eines Regelbaus 115d (WH Nr. 368a) bei Bischmisheim, Stadtverband Saarbrücken, Sommer 1940. Vor dem Gebäude der Gefreite Reinhard Hamm, Sohn des Grundstückseigentümers.

bauten 509a – c wurden bis Juni 1940 im Westwall errichtet.

Am 24. Dezember 1939 erteilte Hitler den Befehl zum Ausbau der Spichern-Stellung. Diese auf französischem Boden liegende Vorstellung der Stadt Saarbrücken ist in wesentlichen Teilen noch erhalten und frei begehbar. Dort präsentieren sich dem Besucher die *Regelbauten 102v, 503, 504, 505, 509a* und *51a.*

Völlig neu waren damals auch die Regelbauten für Feldartillerie. Im Gegensatz zur Maginotlinie, deren Festungsartillerie fest eingebaut – also unbeweglich – war, konnte im Westwall Heeresartillerie von 7,5 cm bis 15 cm wahlweise in Geschützstände eingefahren oder außerhalb der Bunker eingesetzt werden. 103 Kriegsregelbauten für Geschütze entstanden mit einer Batterieaufstellung zu vier Geschützbunkern. Von diesen 26 Batteriestellungen sind heute noch drei im Saarland und eine, die unter Denkmalschutz steht, in Bad Bergzabern (Rheinland-Pfalz) erhalten. Außerdem blieben noch zwei Geschützstände im Saarland von Sprengungen verschont.

Die *Sonderkonstruktion SK6a* wurde mit Sechsschartenkuppel in *Pz. Stärke D* (50 mm) versehen, um diese aufzubrauchen. Elf Exemplare wurden in Nordrhein-Westfalen errichtet. Eine Sonderkonstruktion blieb – ohne Kuppel – in der Waldstellung Aachen erhalten. Eine zweite Sonderkonstruktion des Regelbaus 96 wurde ebenfalls mit einer D-Kuppel versehen und in 17 Exemplaren in der Waldstellung Aachen verwendet.

Rückansicht eines Pak-Unterstellraumes (Regelbau 130b) mit Tarnputz und Panzertor, 1940.

Zwei Kampfbunker in Vorderhangstellung (links vorne und rechts im Hintergrund). Aufnahme von 1940.

Neubauprogramm 1939: Regelbau 105b in der Eifel, März 1940.

Die MG-Kasematte im Eingangshof des Regelbaus 105b, März 1940.

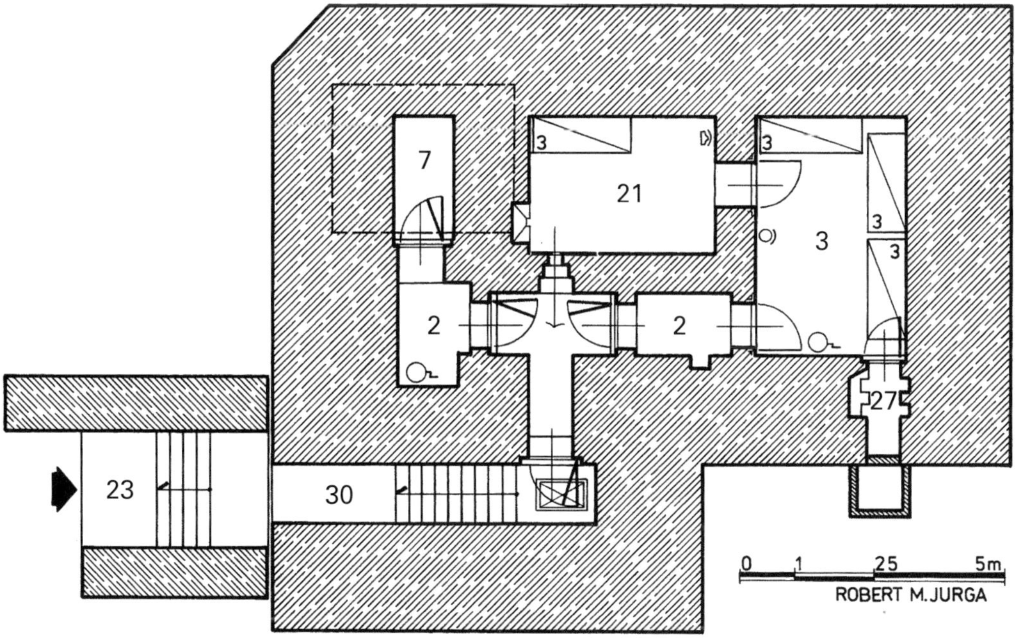

Kriegsregelbau 509c von 1940: Behelfsmäßiger Artilleriebeobachter mit Deckenplatte 7P7 und Hangsicherung (intakt erhalten). Zeichnung RJ

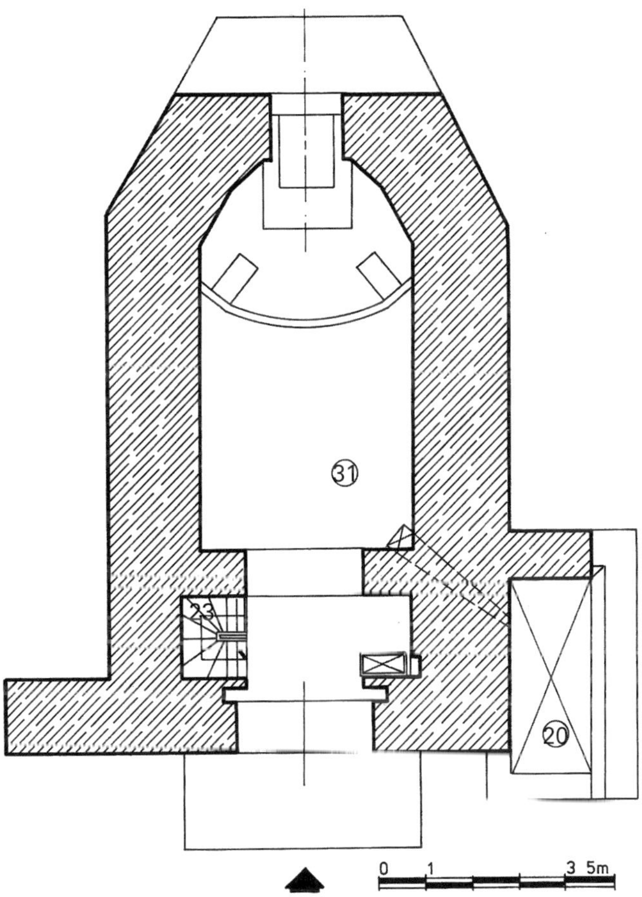

Kriegsregelbau 511a von 1940: Geschützschartenstand für 10,5 cm- Kanone, Obergeschoss. Zeichnung RJ

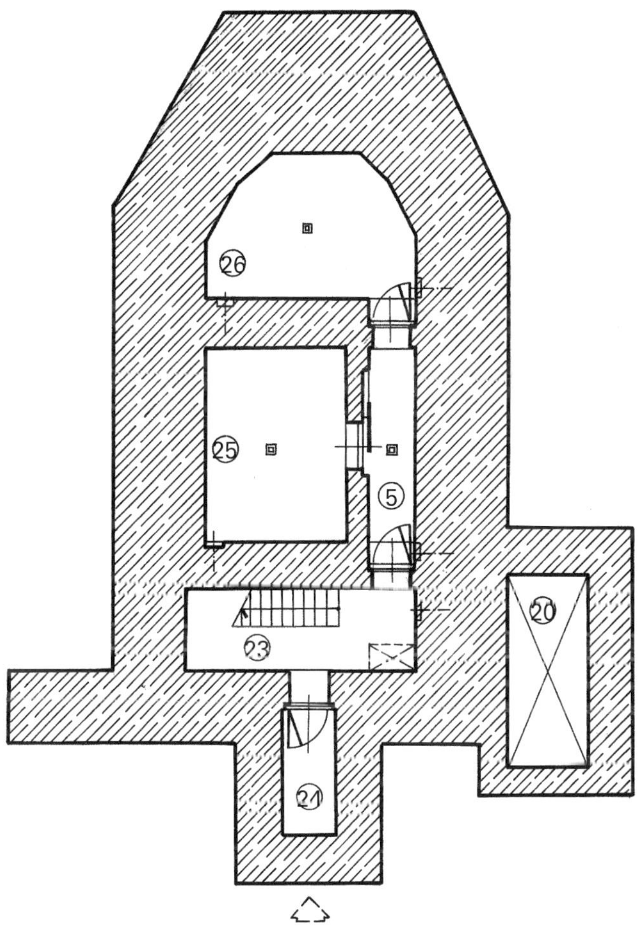

Kriegsregelbau 511a von 1940: Geschützschartenstand für 10,5 cm-Kanone, Untergeschoss (intakt erhalten). Zeichnung RJ

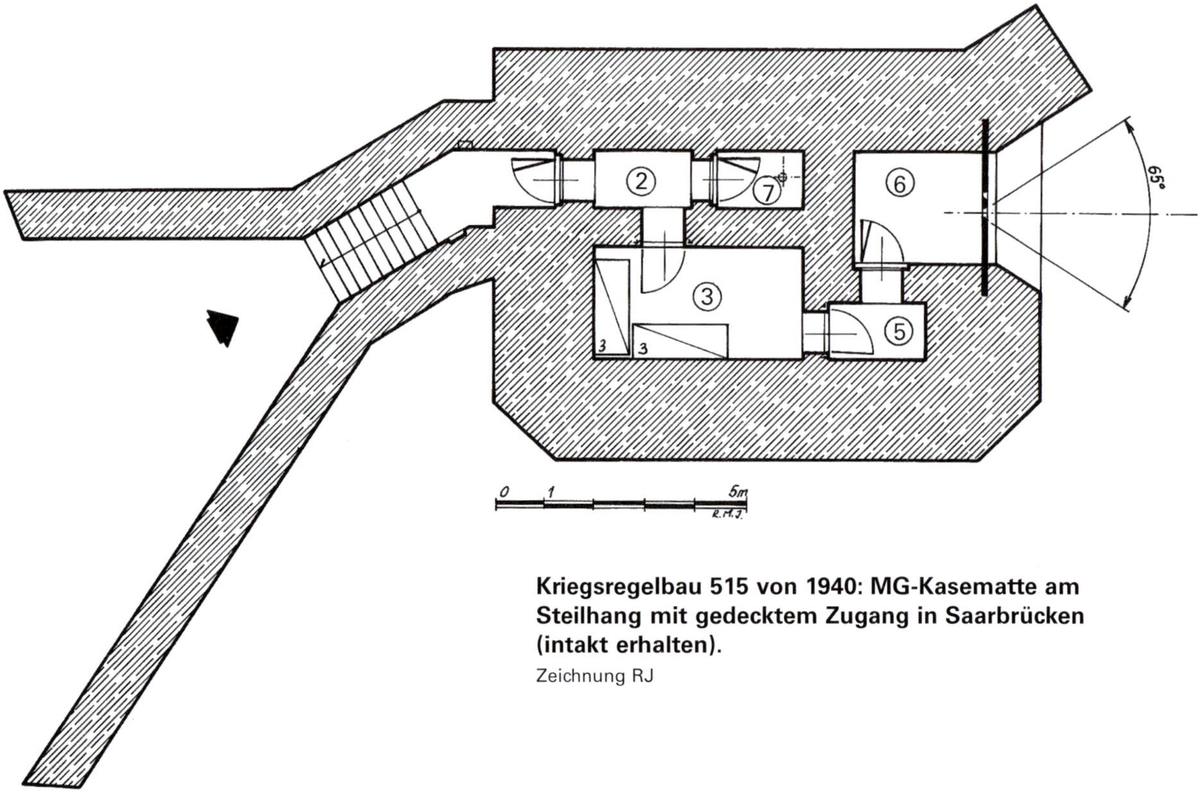

Kriegsregelbau 515 von 1940: MG-Kasematte am Steilhang mit gedecktem Zugang in Saarbrücken (intakt erhalten).

Zeichnung RJ

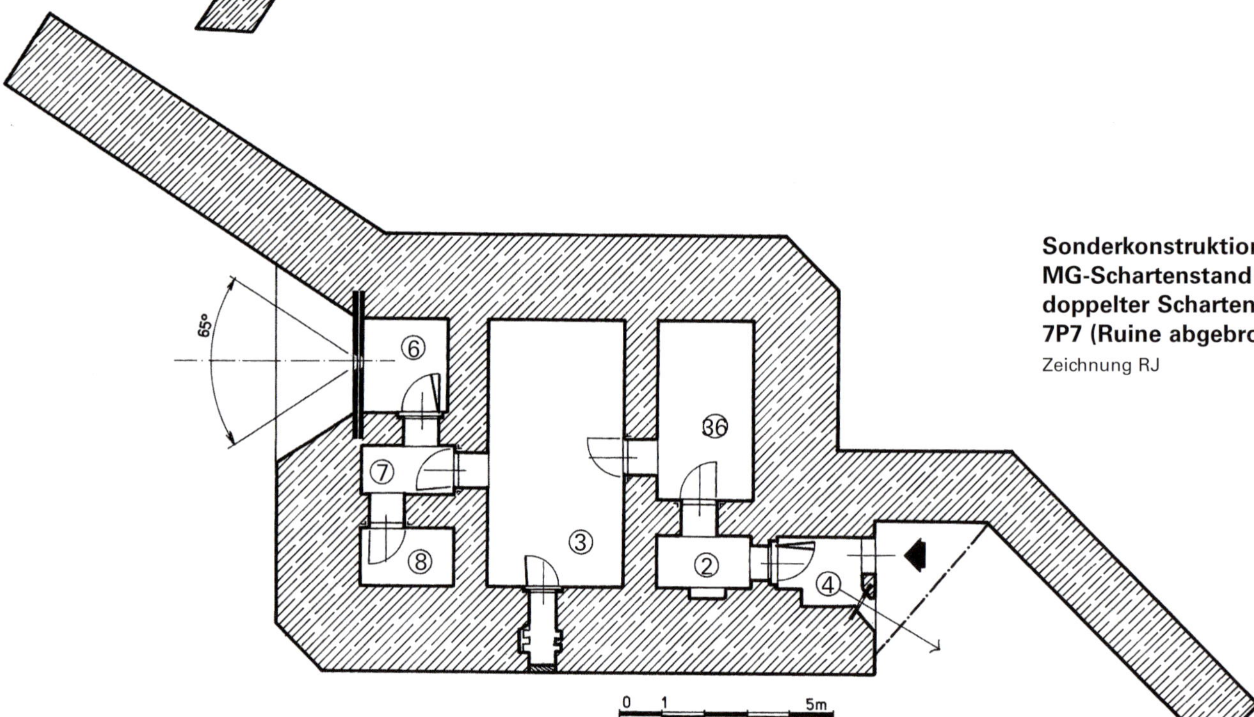

Sonderkonstruktion 1940: MG-Schartenstand mit doppelter Schartenplatte 7P7 (Ruine abgebrochen).

Zeichnung RJ

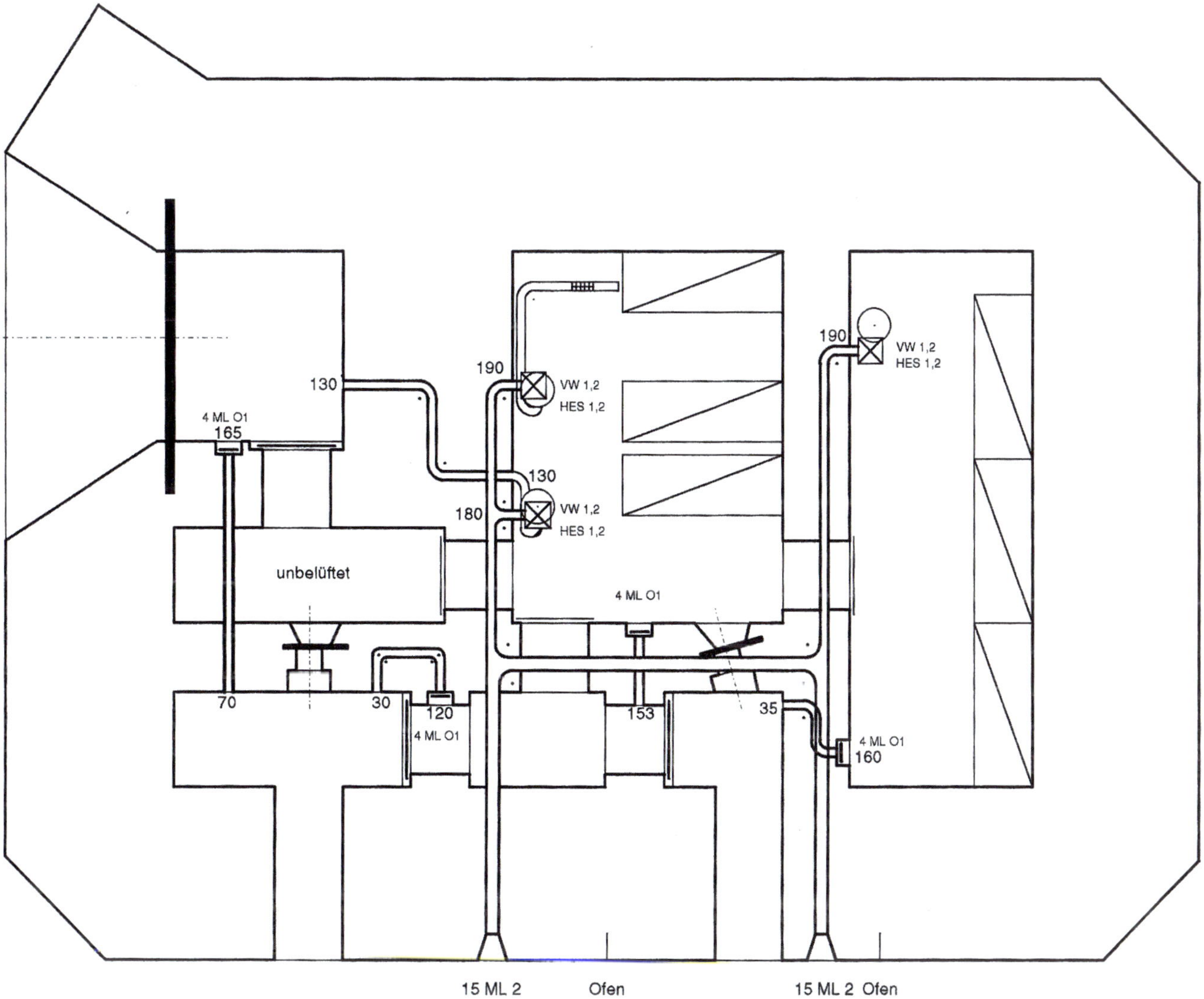

Lüftungsanlage im Regelbau 503 der Spichernstellung. Zeichnung MB

Der Westwall 1940 bis 1944

Nach der Kriegserklärung Englands und Frankreichs an Deutschland blieb es am Westwall verhältnismäßig ruhig, jedenfalls was die Gefechtstätigkeit anbelangte. In seinen Bunkern hatten Infanterie-Divisionen Stellung bezogen, um einem möglichen Angriff von Westen zu trotzen. Doch der Gegner schien – teilweise von der deutschen Propaganda geblendet, die ihm eine gut ausgebaute und schier unüberwindliche Festungslinie vorgaukelte – keinerlei Lust auf eine Offensive zu verspüren. Die Soldaten des britischen Expeditionskorps in Frankreich sangen das Lied vom Wäschetrocknen an der Siegfriedlinie, wie sie den Westwall bezeichneten *(»We are doing our washing at the Siegfried-line…«)* und Deutsche und Franzosen bekriegten sich, von reger Spähtrupptätigkeit einmal abgesehen, hauptsächlich mit Lautsprechern und Flugblättern. Doch die

Vier Mann der Besatzung des Bunkers »Verdun« (Regelbau 105 b) bei Saarlautern-Roden im Eingangshof 1940.

Eingangshof mit flankierender Anlage des Bunkers »Verdun«.

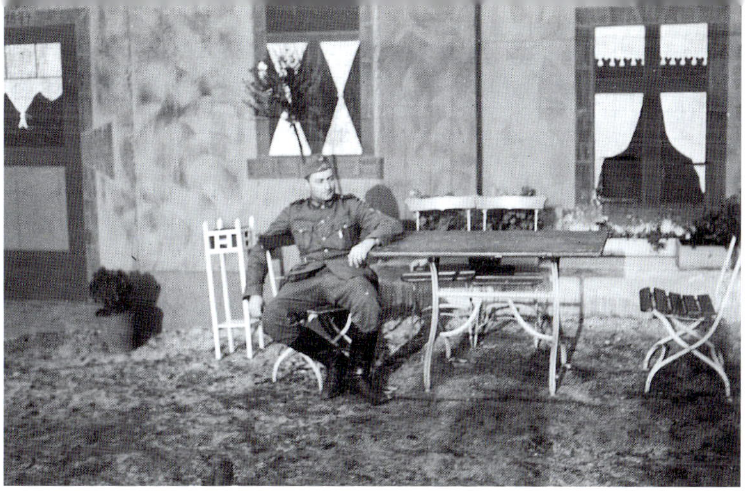

Schartenfront des Bunkers »Verdun« mit Tarnbemalung. Man beachte die MG-Schartenplatte im rechten »Fenster«

Der Kommandant des Bunkers »Verdun« (links) mit dreien seiner Männer.

Besatzung des Bunkers »Verdun« nach einem Einsatz im Vorfeld 1940.

Das Deutsche Schutzwall-Ehrenzeichen

Deutsches Schutzwall-Ehrenzeichen als Teil einer Ordensspange mit EK II.

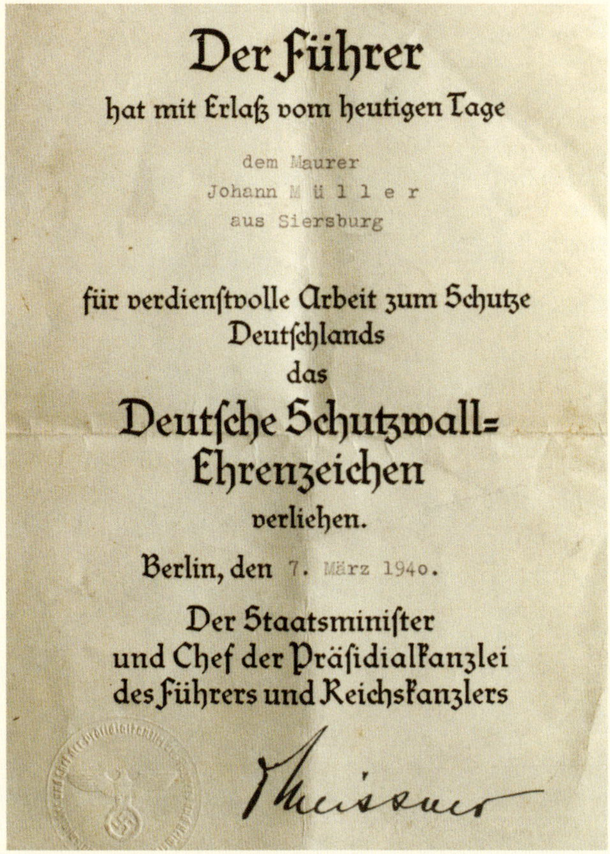

Der Führer
hat mit Erlaß vom heutigen Tage
dem Maurer
Johann M ü l l e r
aus Siersburg
für verdienstvolle Arbeit zum Schutze Deutschlands
das
Deutsche Schutzwall-Ehrenzeichen
verliehen.
Berlin, den 7. März 1940.
Der Staatsminister
und Chef der Präsidialkanzlei
des Führers und Reichskanzlers

Urkunde zum Deutschen Schutzwall-Ehrenzeichen.

Mit Verordnung vom 2. August 1939 stiftete der *Führer und Reichskanzler* das *Deutsche Schutzwall-Ehrenzeichen* in einer Stufe. Es sollte verliehen werden an Personen, *»die an der Schaffung der dem Schutze des Deutschen Volkes dienenden Befestigungsanlagen mitgearbeitet«* hatten. Das Oberkommando der Wehrmacht ergänzte am 13. Oktober 1939 die Verleihungsvoraussetzungen: *»Das Deutsche Schutzwall-Ehrenzeichen kann verliehen werden an Wehrmachtangehörige und Wehrpflichtige des Beurlaubtenstandes sowie an männliche Angestellte und Arbeiter der Wehrmacht, die zum Ausbau oder zur Verteidigung der Befestigungsanlage in der Zeit vom 15. Juni 1938 bis 31. März 1939 eingesetzt waren.«* Weitere Ergänzungen folgten.

Zuständig für die Verleihung waren neben der Wehrmacht die Organisation Todt und der Reichsarbeitsdienst. Das erste Abzeichen erhielt Generalinspekteur Dr. Fritz Todt am 23. November 1939 aus der Hand Hitlers. Am folgenden Tag verteilte Dr. Todt bei einem Appell von Westwall-Arbeitern in Pirmasens die ersten 200 Abzeichen an Arbeiter, die mindestens 16 Monate am Westwall tätig gewesen waren. Bis zum 31. Januar 1941 wurden insgesamt 622.064 Schutzwall-Ehrenzeichen verliehen, darunter einige an Frauen.

Am 10. Oktober 1944 ordnete Hitler anlässlich der wieder aufgenommenen (Instandsetzungs-)Arbeiten am Westwall die neuerliche Verleihung an; die Durchführungsverordnung dehnte den Kreis der Empfänger auf ausländische Freiwillige der Wehrmacht aus (Bau- und Arbeitsbataillone). Bereits bedachte Träger des Schutzwall-Ehrenzeichens sollten die *Spange zum Deutschen Schutzwall-Ehrenzeichen* erhalten – es steht allerdings nicht mit Sicherheit fest, ob die Spange je hergestellt oder verliehen wurde.

Literatur:

Kurt -G.: Klietmann: *Auszeichnungen des Deutschen Reiches 1936–1945. Eine Dokumentation militärischer Verdienst- und Ehrenzeichen.* 10. Auflage, Motorbuch Verlag 2002.

»Ruhe« war trügerisch und von kurzer Dauer: Am 10. Mai 1940 ergriff die Wehrmacht die Initiative und stieß, die Maginotlinie umgehend, über die Ardennen nach Frankreich hinein. Dank ihrer Blitzkrieg-Strategie warf sie die Gegner innerhalb von sechs Wochen nieder, so dass sich Frankreich am 22. Juni gezwungen sah, einen Waffenstillstand zu unterzeichnen.

Insofern hatte der Westwall seine Aufgabe zunächst einmal durch bloßes Vorhandensein erfüllt.

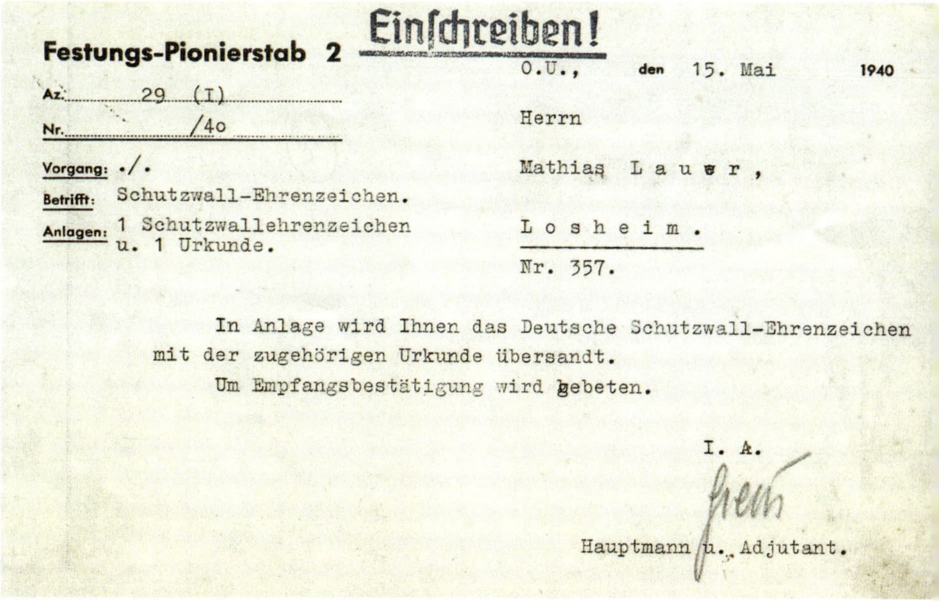

Einschreiben!

Festungs-Pionierstab 2

Az.: 29 (I)

Nr. /40

O.U., den 15. Mai 1940

Herrn

Mathias Lauer,

Losheim.

Nr. 357.

Vorgang: ./.

Betrifft: Schutzwall-Ehrenzeichen.

Anlagen: 1 Schutzwallehrenzeichen u. 1 Urkunde.

In Anlage wird Ihnen das Deutsche Schutzwall-Ehrenzeichen mit der zugehörigen Urkunde übersandt.

Um Empfangsbestätigung wird gebeten.

I. A.

[signature]

Hauptmann u. Adjutant.

Schreiben zur Aushändigung eines Schutzwall-Ehrenzeichens vom 15. Mai 1940.

Ein Spähtruppführer nach der Rückkehr von einem Einsatz, Saarlautern 1940.

Wachposten an einer Straßenkreuzung in Saarlautern 1940.

Nach dem Waffenstillstand mit Frankreich

Am 28. Juni 1940 gab die *Inspektion der Westbefestigungen* die Richtlinien für den Abschluss des Ausbaus heraus.

Um wertvolles Kultur- und Ackerland wieder nutzen zu können, sollten zunächst Minenfelder geräumt und Hindernisse im Vorfeld abgebaut werden. Bunker, die unmittelbar vor dem Betonieren standen, sollten auf Wunsch Hitlers noch fertiggestellt werden. Andere im Anfangsstadium befindliche Bauten sollten entfernt und die Baugruben verfüllt werden. Allgemein kam die gesamte bewegliche Inneneinrichtung der Bunker zur besseren Wartung und Pflege in Pionierparks. Panzerkuppeln und Platten der *Panzerstärke B* gingen nach Ostpreußen, um dort in eine im Entstehen begriffene Abwehrstellung eingebaut zu werden.

Die Arbeiten in den Bunkern führten vorwiegend Abteilungen des *Reichsarbeitsdienstes (RAD)* aus; die Feldarbeiten auch Kriegsgefangene. Lediglich die 32 *B-Werke* wurden vollständig weiterbetrieben und von erfahrenen Festungswerkmeistern gewartet – und dies bis Kriegsende 1945.

Vereidigung von RAD-Männern vor einem Artilleriewerk der »Konkurrenz« – der Maginot-Linie – 1940.

Pakstand »Wotan« (Regelbau 505). Spichern, Januar 1941.

Pakstand »Wotan« (Regelbau 505). Spichern, März 2002.

Regelbau 108b, WH Nr. 77, bei Saarbrücken im Jahr 1940.

Derselbe Regelbau 108b, WH Nr. 77, im Jahr 2004.

Pak-/MG-Stand (Regelbau 116) bei Pirmasens 1940.

Pak-/MG-Stand bei Pirmasens 1940.

Der Eingang zu »Rosamunde«.

Eingangshof zum Regelbau 105b »Rosamunde« im Ensheimer Tal bei Saarbrücken, 1941.

Regelbau 120b mit 60 cm starker Stahlbetonkuppel im Otterbachabschnitt (Original-Farbaufnahme von 1940).

Luftschutz für die Zivilbevölkerung

Nachdem Ruhe im Westwall eingekehrt war, nutzten viele Bürger die mächtigen Bunker als Kulisse für Familienfotos. Man war froh, von den Kampfhandlungen weitgehend verschont geblieben zu sein. Die Überwachung und Wartung der Bunker oblag hierfür speziell ausgebildeten *Wallmeistern*. Ab dem Frühjahr 1942 vermehrten sich jedoch Luftangriffe auf das Reichsgebiet. Viele in Ortslage liegende Bunker wurden von verängstigten Anwohnern aufgebrochen, um bei Fliegeralarm Schutz zu finden. Kein Wunder: Die Westwallbunker boten wesentlich mehr Schutz als Kellerräume oder einfache Stollen. Der höhere *Polizeiführer West* gestattete daraufhin nach Absprache mit den militärischen Stellen und dem *Reichsluftschutzbund* die Nutzung der Bunker bei Luftangriffen. Insbesondere die 100.000 Einwohner von Saarbrücken profitierten von den über 200 ortsna hen Westwallbunkern. Trotz zahlreicher Luftangriffe hatte die Stadt an der Saar bis Kriegsende »nur« 1234 Tote unter der Zivilbevölkerung zu beklagen – nach heutiger Sicht eine erschreckend hohe, aber im Vergleich mit anderen deutschen Städten sehr niedrige Verlustrate.

Jeder Anwohner erhielt eine Ausweiskarte, auf der die Bunkernummer und die Anzahl der berechtigten Personen zum Aufsuchen dieses Schutzraums vermerkt war. Da die Einrichtung fehlte (nur Lüfter waren eingebaut), brachten die Bewohner eigene Möbel mit. Zwei zusammengestellte Sessel dienten beispielsweise als Kinderbett. Bunker in der Nähe einer Schule in Saarbrücken dienten sogar als Klassenzimmer. Auch Geburten in Bunkern des Westwalls waren keine Seltenheit.

Bei Fliegeralarm überwachte ein Bunkerwart den Verschluss der Türen und teilte Jungen ein, um die Lüfter mit Handkurbeln in Betrieb zu halten. Es sind keine Angaben bekannt, nach denen Bunker durch Bombentreffer durchschlagen worden sind. *»Sie wackelten nur«*, so eine Zeitzeugin.

Gesamtbelegung des Westwalls

Stichtag: 1. Mai 1943

Die nachfolgende Aufstellung gibt einen Überblick der im Falle eines Angriffs vorgesehenen Belegung der Westwall-Abschnitte mit Festungsbesatzungen (Mannstärke), untergliedert nach Infanterie, Panzerabwehr (Pak) und Artillerie.

Festungsdienststelle Düren

Düren

	Summe Ist Infanterie	Summe Ist Pak	Summe Ist Artillerie	Gesamtsumme Ist
HKF*	1413	128	109	1650
Rückw. Stellung	814	123	138	1075
Summe	2227	251	247	2725

Gesamtbelegung Ist Düren

Normal	31.253	1533	3544	36.330
Höchst	–	–	–	–

* HKF = Hauptkampffeld

Kommandantur der Befestigungen Eifel – Saarpfalz

Bitburg

HKF	1353	167	171	1691
Rückw. Stellung	–	–	–	–

Trier

HKF	799	42	235	1082
Rückw. Stellung	–	–	–	–

Homburg

HKF	1378	107	487	972
Rückw. Stellung	1067	88	235	1390

Pirmasens

HKF	2235	430	609	3274
Rückw. Stellung	225	7	12	244
Summe	7057	814	1749	9635

Gesamtbelegung Ist Eifel – Saarpfalz

Normal	96.352	6170	18.574	121.116
Höchst	152.547	10.236	29.774	192.557

Kommandantur der Befestigungen Oberrhein

Karlsruhe

HKF	1824	70	524	2418
Rückw. Stellung	–	–	–	

Freiburg

HKF	712	30	153	895
Rückw. Stellung	–	–	–	–
Summe	2536	100	677	3337

Gesamtbelegung Ist Oberrhein

Normal	33.612	651	8827	43.090
Höchst	–	–	–	–

Gesamtbelegung Ist Düren, Eifel-Saarpfalz und Oberrhein

Gesamtsumme	11.820	1192	2673	15.715
Normal	161.217	8354	30.965	200.536
Höchst	–	–	–	–

Die zweite Belegung September 1944 bis März 1945

Der Westwall befand sich im Hochsommer 1944 in einem desolaten Zustand. Seiner Einrichtung beraubt, die Bunker teilweise voll Wasser oder zu Möbellagern, Rübenmieten usw. umfunktioniert. Es bestand ein großes Defizit an Lüftern, Öfen und Waffen. Die modernen Waffen des Jahres 1944 passten teilweise nicht mehr in die Anlagen. Auf Befehl Hitlers vom 31. Juli 1944 war der Westwall instand zu setzen. Am 31. August 1944 – amerikanische und britische Truppen befanden sich bereits tief in Frankreich – befahl der *Führer* die Verteidigungsbereitschaft des Westwalls. Diese beinhaltete die Verstärkung der Stellung, die Besetzung einzelner Werke und auch den feldmäßigen Ausbau der Maginot-Linie. Bereits am 21. August 1944 befand sich eine Einsatzleitung der *Organisation Todt* in Homburg/Saar. Der dort beheimatete *Festungspionierstab 17* war bislang mit drei Oberbauleitungen in der Bretagne beim Ausbau des Atlantikwalles tätig gewesen. Am 7. Oktober 1944 traf dessen Chef, Oberstleutnant Bedstinola, in Homburg ein, um die Arbeiten am Westwall wieder aufnehmen zu können. In Saarbrücken richtete sich die *Oberbauleitung Westsaarland* ein, die am 8. September 1944 bereits 41.772 Arbeitskräfte melden konnte. Am 18. Oktober waren es bereits 147.261 und am 12. Januar 1945 immerhin noch 17.915 Arbeiter. Neben Tausenden von Ringständen wurden auch mindestens zwölf Türme des Kampfpanzers V Panther auf Holzunterständen in diesem Bereich eingebaut. An Betonneubauten konnten zwei Regelbauten für Pak *R 677* und ein Maschinenbunker nachgewiesen werden.

Mit die ersten Besatzungen der Westwallanlagen waren ab dem 8. September 1944 acht Festungsbataillone mit Veteranen, die schon am Ersten Weltkrieg teilgenommen hatten. Sie erhielten überwiegend die wassergekühlten Maschinengewehre 08.

Am 11. September 1944 – die alliierten Armeen standen praktisch vor der Reichsgrenze – erfolgte zum zweiten Mal (nach 1939) der Befehl zur Räumung der so genannten *roten Zone* (alle Ortschaften im Bereich der Hauptkampflinie). Wieder einmal mussten die betroffenen Menschen unter Mitnahme nur der notwendigsten Habe ins innere Reichsgebiet umziehen. Diese zweite Räumung wurde nicht vollständig durchgeführt. Viele Bewohner blieben in ihren Häusern und Kellern aus Angst um ihren Besitz. Die alliierten Truppen stoppten ihren Vormarsch vor der Reichsgrenze am 1. September 1944. Der alliierte Oberbefehlshaber, US-General Dwight D. Eisenhower, ließ seine Verbände auf breiter Front aufschließen und versorgen. Dieses »Wunder am Westwall« verschaffte den deutschen Truppenführern die Möglichkeit,

Turm eines Panzerkampfwagen V Panther, wie er im Westwall eingebaut wurde (Westwall-Museum Hohlgangssystem Gerstfeldhöhe e.V., Aufnahme von 1999).

die zurückflutenden Truppen aus Frankreich aufzufangen und neu zu gliedern. Am 12. September überschritten amerikanische Einheiten erstmals die Reichsgrenze bei Aachen. Wenige Tage später wurden die ersten Westwallbunker vor Aachen erobert. Am 16. September wurden die Angriffe auf den Westwall erneut gestoppt. Am 21. November 1944 kam es im Saarabschnitt des Westwalls zu ersten Kampfhandlungen im Orscholzriegel am Saar-Mosel-Dreieck. Vom 9. auf den 10. Dezember 1944 zogen sich die deutschen Truppen im Mittelabschnitt der Front in die Westwallbunker auf dem Ostufer der Saar zurück. Sämtliche Bunker mit Panzerkuppeln für MG wurden besetzt und mit Waffen, Munition und Verpflegung für sieben Tage ausgestattet. Frontal wirkende Anlagen mit Stahlschartenplatten blieben unbesetzt, da die nur 10 cm starken Stahlplatten keinen hinreichenden Schutz vor den amerikanischen 76 mm- und 90 mm-Panzergranaten boten. An einem *Regelbau 105* bei Bous/Saar konnten Festungsforscher in den 90er-Jahren eine Eindringtiefe von 70 cm in die 2 m starke Bunkerwand nachweisen. Die Granate stammte von einem amerikanischen Jagdpanzer M-10, der am 15. Dezember 1944 aus 600 m Entfernung auf den Bunker gefeuert hatte.

Die letztlich über sieben Monate dauernde Schlacht um den Westwall brachte den US Streit-

Sechsschartenturm (Regelbau 115d) bei Blieskastel mit Beschuss-Schäden von 1945 (Aufnahme von 1984).

Sechsschartenturm (Regelbau 114b) bei Völklingen mit Beschuss-Schäden von 1945 (Aufnahme von 1984).

Sechsschartenturm 20P7 (Regelbau 115a) bei Schwalbach im Landkreis Saarlouis mit Beschuss-Schäden von 1945 (Aufnahme von 1984).

Sechsschartenturm 20P7 bei Merzig-Bietzen mit Beschuss-Schäden von 1945 (Aufnahme von 1984).

Sechsschartenpanzerturm 20P7 bei Ensdorf, Landkreis Saarlouis, mit 76 unwirksamen Treffern von 1945 (Aufnahme von 1989).

Beschussschäden von 1945 in der Rückwand des Kampfraumes Regelbau 105d in Dillingen/ Saar (Aufnahme von 1999).

Trefferwirkung von amerikanischen 75 mm-Sprenggranaten auf eine 2 m starke Bunkerwand bei Dillingen/Saar (Aufnahme von 1999).

kräften mehr Verluste ein als später der gesamte Vietnamkrieg. Besonders die erbitterten Kämpfe im Hürtgenwald, im Orscholzriegel und in der Zitadelle von Saarlautern (Saarlouis) waren für beide Seiten sehr verlustreich. Bei den Gefechten im Raum Dillingen-Saarlautern wechselten einzelne Bauwerke bis zu neunmal den Besitzer! Die ungesicherte Höckerlinie wurde von US-Panzern mit Räumschaufeln übererdet und so überwunden. Auf Grund von Personalmangel konnten die deutschen Verteidiger im Durchschnitt nur jeden zehnten bis fünfzehnten Bunker besetzen. Außer den »schweren Bunkern«, die ständig besetzt waren, dienten die anderen oft nur als Schutz- und Schlafräume. Der Kampf wurde im Wesentlichen außerhalb der Bauwerke geführt. Nach Aussagen von Zeitzeugen waren die besetzten Bauwerke gut mit Waffen und Munition ausgestattet, aber der Artillerie mangelte es an Granaten. Bewegungen am Tage waren – zumindest bei gutem Wetter – aufgrund der alliierten Luftüberlegenheit kaum möglich. Die deutsche Luftwaffe existierte so gut wie nicht mehr und US-Jagdbomber feuerten auf alles, was sich bewegte – auch auf Zivilisten.

Nachfolgend eine Beurteilung des Westwalls durch die dort angreifende 63. US-Infanterie-Division (übersetztes Original-Dokument).

Sonderbericht des Nachrichtendienstes, Westwallbefestigung

Quelle: 3. US-Armee, 16. März 1945

An alle Kommandeure:

1. *Hinter der Höckerlinie des deutschen Westwalls beherrscht ein Labyrinth von Bunkern die Anmarschwege. Diese Bunker sind größtenteils unterhalb der Erdoberfläche in Berghängen errichtet und sind für die Luftaufklärung gewöhnlich*

unsichtbar. Sie verfügen normalerweise als Hauptbewaffnung über ein 7,92 mm-MG, das hinter der Öffnung einer stufenförmig zulaufenden Scharte, die in der Beton- und Stahlwand des Bunkers montiert ist. Die Feuerkontrolle für das MG wird von einem 21/2-kraftgesteuerten Winkelteleskop übernommen. Der Bunker ist mit gasdichten Türen und Öffnungen, sowie mit einem Lüftungssystem ausgerüstet, das aus einer Fliehkraftpumpe besteht, die sowohl kraftgesteuert als auch von Hand betrieben werden kann. Zwischen der Pumpe und dem Lufteinlassrohr befindet sich ein Gasfilter, der bei entsprechenden Angriffen benutzt wird.

2. *Bunker werden gewöhnlich für ein bestimmtes taktisches Gebiet zusammengefasst. Eine Bunkergruppe scheint einen Hauptstützpunkt zu haben, der als Panzerwerk oder Fort bekannt ist und der den Nachschub für seine Hilfsbunker liefert. Auf zwei dieser großen Hauptstützpunkte stießen Einheiten der 3. Armee bei Irrel. Information und Beschreibung lieferte ein Kriegsgefangener, der von einer Kriegsgefangenen-Verhörabteilung der 3. Armee befragt wurde. Der Hauptstützpunkt Contwig gleicht dem, unversehrt, bei Irrel eingenommenen Festungswerk.*

3. *Eine Skizze des Contwig-Werks wurde angefertigt. Die Beschreibung durch den Kriegsgefangenen enthält nicht einen Beobachtungsturm, wie er im Irrel-Werk vorhanden ist. Dieser zusätzliche Turm ermöglichte es einem Beobachter mit Hilfe eines 10er-kraftgesteuerten Periskops [elektrisch betriebenes Beobachtungsfernrohr mit zehnfacher Vergrößerung], das Feuer der deutschen fahrbaren Artillerie zu leiten.*

4. *Das Contwig-Werk hat, wie das Irrel-Werk, als Bewaffnung einen Flammenwerfer, einen automatischen 50 mm-Granatwerfer und fünf 7,92 mm luftgekühlte MG, Modell 34 oder 42.*

5. *MG-Türme*
   Vier MG sind in Türmen montiert, die hohle Stahlgussstücke darstellen, die auf einem Betonfundament in die Decke des Werks eingelassen sind, so dass nur etwa ein Meter des Turmoberteils sichtbar ist. Dieses Oberteil ist mit grünem Beton getarnt. Es gibt zwei MG -Türme, von denen jeder knapp über der Erdoberfläche sechs umlaufende Öffnungen besitzt. Die Öffnungen sind 71/2 x 61/2 Zoll [= ca. 19 x 16,3 cm] groß. Jede Öffnung wird durch eine halbkreisförmige auf- und zuklappbare Stahlplatte verschlossen, wobei der halbkreisförmige Teil in einer Vertiefung auf der Rückseite der Öffnung ruht. Jede Platte wird mit einem eingebauten Verschluss an die zwölf Zoll [= ca. 30 cm] starke Wand geschraubt. In jedem der Türme befinden sich zwei 7,92 mm luftgekühlte MG auf Lafetten, die zu jeder Öffnung hin schwenkbar sind. Der vordere, obere Teil der Lafette ist halbkreisförmig ausgebildet und rastet, wenn die Scharte offen ist, hinter der Öffnung ein. Der obere Teil der Lafette enthält eine Öffnung für die MG-Mündung und eine Öffnung für das 21/2-kraftgesteuerte Winkelteleskop jeder Lafette. Jede Lafette ist ausgewuchtet, so dass sie an jeder Öffnung in jeder Lage auf und nieder bewegt werden kann.

6. *Nachfolgend eine Beschreibung der Treffer durch 90 und 155 mm panzerbrechende Hochbrisanzgeschosse, die wahrscheinlich von den 90 mm M-36 Panzerabwehr- und den 155 mm M-12 SP-Geschützen stammen. Das 90 mm-Geschoss drang sechs Zoll [= ca. 15 cm] in die zwölf Zoll [= ca. 30 cm] starke Wand ein, während es beim 155 mm-Geschoss sieben Zoll [= ca. 18 cm] waren. Einige der 90 mm-Geschosse hatten einen Schartenverschluss getroffen und dessen Scharnierzapfen abgeschert, so dass der Verschluss aus seiner Verankerung herausgerissen wurde und nicht mehr benutzbar war. Verschiedene andere Treffer auf die Verschlussklappen verursachten Metallabsplitterungen auf der Innenseite des Turms. Bazooka-Treffer (US-Panzerfaust) blieben bei diesen Türmen wirkungslos.*

7. *In jedem Turm befindet sich ein 5er-kraftgesteuertes, vom Turmbeobachter benutztes Rundblickfernrohr. Es kann durch eine Öffnung in der Turmdecke ein- und ausgefahren werden. Bei einem der Irrel-Werke hatten Handfeuerwaffen die Spiegel dieser Periskope getroffen. Oberhalb und zwischen jeder Turmscharte befindet sich ein 1er-*

kraftgesteuertes Winkelteleskop, das zur Beobachtung dient (sechs Teleskope in jedem Turm)

8. *Granatwerferturm*
   Der 50 mm-Granatwerfer ist eine automatische Waffe, die entweder 30, 60, 90 oder 120 Schuss pro Minute abgeben kann. Die Geschosse werden durch eine Öffnung in der Turmdecke abgefeuert, die durch eine bewegliche Platte verschlossen wird. Dadurch kann der Granatwerfer und/oder das Periskop nach Belieben ausgefahren werden. Der Werfer, der auf einer drehbaren Plattform im Turminneren steht, kann mitsamt dieser Lafette etwa zwölf Zoll [= ca. 30 cm] nach oben in Schussposition angehoben werden.

9. *Flammenwerfer*
   Auf der Turmdecke befindet sich auch ein Rohr von neun Zoll [= ca. 23 cm] Durchmesser und mit einer rüsselartigen Öffnung, die um 360 Grad drehbar ist. Das ist die Mündung des vom Turminneren aus bedienten Flammenwerfers. Zum Schießen wird dieses Rohr etwa zwei Fuß [= ca. 60 cm] aus der Turmdecke herausgefahren. Die Reichweite des Flammenstrahls beträgt, nach Gefangenenaussagen, etwa 55 Yards [= ca. 50 m]. Wird der Flammenwerfer eingesetzt, müssen alle Scharten für MG und Granatwerfer geschlossen sein. Außer den Tüllen für das Flammöl gibt es noch eine für Giftgas.

10. *Kommandanten-Kuppel*
    Die Kommandanten-Kuppel ist ein rundes Stahlgehäuse mit fünf Sehschlitzen, jeder drei mal 11/2 Zoll [= ca. 8 cm x 4 cm] groß. Diese Öffnungen können mit verschiebbaren Stahlplatten, auf der Innenseite der Kuppel, verschlossen werden. Die Kuppel hat etwa einen Außendurchmesser von drei Fuß [= ca. 90 cm], etwa zwei Fuß [= ca. 60 cm] sind oberhalb der [Bunker-]Decke sichtbar. Die Kuppeloberseite ist konisch ausgebildet und um etwa 45 Grad abgeschrägt. Drei 90 mm-Treffer, auf einer Kuppel am Irrel-Werk, waren abgeprallt.

11. *Der Eingang zu dem Werk besteht aus zwei Stahltüren von je 31/2 Fuß [= ca. 107 cm] Höhe, 21/2 [= ca. 76 cm] Breite, drei Zoll [= ca. 8 cm] Stärke und einer Schießscharte. Die Türen öffnen nach außen. Die Vorderseite des Werkes ist, wie aus der Skizze ersichtlich, von der Eingangsunterkante bis zur erdbedeckten Oberkante etwa elf Fuß [= ca. 3,55 m] hoch. Sie wird von einem 7,92 mm-MG gedeckt, das hinter einer stufenförmig zulaufenden Wandöffnung und in einem Winkel zum Eingang steht. Zu jeder Eingangstür führt eine Treppe, zu einer als Falle bekannten Stahlplattform, hinunter. Diese Falle kann hochgezogen werden und legt dann eine etwa elf Fuß [= ca. 3,55 m]) tiefe Grube vor jeder Treppe frei. Sind diese Fallen hochgezogen, so ist es unmöglich, den Durchlass zwischen den Eingangstüren zu erreichen, der zum Inneren des Bunkerobergeschosses führt. Jede Eingangstür kann durch Beschuss aus einer Scharte im Inneren gedeckt werden, der man sich gegenüber befindet, wenn man die Stufen zu jeder Eingangstür hinuntersteigt.*

12. *Der Werkszugang ist gewöhnlich durch Stacheldraht und Außengräben gesichert.*

13. *Schlussfolgerungen*
    Falls sich die Verteidiger eines dieser Werke entschließen, bis zum Letzten für das »teure Vaterland« zu kämpfen, so dürfte es sehr schwierig sein, das Werk im Sturmangriff zu erobern.

    Oberstleutnant John M. Hardaway

Um den 20. März 1945 räumten die Verteidiger den Westwall weitgehend und zogen sich in Richtung Rhein zurück. Zahllose Zivilisten bezogen unbesetzte Bunker, um das Kriegsende abzuwarten.

Tausende sind im Westwall gestorben, aber Tausende verdanken ihm auch ihr Überleben im Grauen des Krieges.

Die Nachkriegszeit 1945 bis 1950

Als amerikanische Truppen im März 1945 den Westwall besetzt hatten, herrschte Erleichterung bei der betroffenen Bevölkerung, denn dies bedeutete ein Ende der Kampfhandlungen und der Luftangriffe. Die US-Soldaten inspizierten die Anlagen des Westwalls genau – jeder wollte sich ein Bild von der sagenumwobenen »Siegfried-Linie« machen. Als erste Maßnahme wurden jedoch Waffen, die sich noch in den Bunkern befanden, ausgebaut bzw. eingesammelt und abtransportiert. Teilweise wurden die Maschinengewehre samt Lafette einfach in den nächsten Fluss geworfen, wie einige Funde belegen. Viele Anwohner – vor allem Jugendliche – schlichen sich nachts in die Bunker und nahmen alles mit, was brauchbar erschien oder für den Wiederaufbau genutzt werden konnte.

Im Saarland änderte sich die Situation ab dem 10. Juli 1945, als französische Besatzungstruppen die amerikanischen ablösten. Die amerikanischen Soldaten behandelten die Bevölkerung im Großen und Ganzen human, was man von den Franzosen nicht unbedingt behaupten konnte. Sie verboten bei strengster Bestrafung das Betreten der Bunker.

In ihrer Direktive Nr. 22 vom Dezember 1945 legten die Besatzungsmächte fest, dass alle militärischen Anlagen auf dem Gebiet des Deutschen Reiches zu zerstören seien. Selbst zivile Luftschutzbunker sollten gesprengt werden. Ab März 1946 setzten die Franzosen auch am Westwall Kriegsgefangene, politisch Belastete und »Freiwillige« ein, um zunächst die zahlreichen Minenfelder zu räumen und alle Arten von Kampfmitteln einzusammeln. Die Aufsicht führten französische Pioniere, die durch Unfälle einige Verluste zu beklagen hatten, wie auch die eingesetzten Deutschen. Ab August 1946 machten sich Bunkerräumtrupps daran, alle Einbauteile und Einrichtungen zu entfernen.

Frankreich war sehr an Stahlschrott interessiert und mit Beginn der Sprengarbeiten wurden alle schweren Stahlplatten, Panzerkuppeln usw. zerlegt und Eisenbahnwaggonweise nach Frankreich gekarrt. Die Sprengarbeiten wurden angekündigt, und alle in der Nähe befindlichen Häuser sollten, um Schäden zu vermeiden, Fenster und Türen offen halten. Die Bunker wurden mit Sprengstoffen aller Art oder Munition und Fliegerbomben geladen. Befanden sich in unmittelbarer Nähe Wohn- oder andere zivile Gebäude, wandten die Sprengtrupps das so genannte *Wasserdrucksprengverfahren* an. Dazu mauerten sie alle Öffnungen zu und füllten den oder die Innenräume mit Wasser. Aufgrund der vollständigen Wasser-Verdämmung zerriss die Sprengladung die Bunker, wobei die Panzerbauteile aufgrund ihrer höheren Festigkeit nach außen geschleudert wurden.

Im Sommer 1947 regte sich bei den Saarländern Widerstand gegen die Sprengungen. Durch die Unerfahrenheit vieler Sprengtrupps entstanden erhebliche Schäden an Wohn- und anderen zivilen Gebäuden, die den Krieg un- oder nur leicht beschädigt überstanden hatten. Genau ein Jahr nach

Ein deutscher Kriegsgefangener beim Minenräumen im Westwall-Vorfeld im Sommer 1945.

Ein »Limes«-Regelbau 10a im Jahr 1965. JK

den ersten Protesten aus der Bevölkerung regte der damalige *Hohe Kommissar für das Saarland,* Oberst Gilbert Grandval in Paris an, die systematischen Bunkersprengungen einzustellen. Nach Rücksprache mit dem französischen Verteidigungsministerium teilte das Außenministerium Oberst Grandval dann Ende August 1948 mit, dass die Zerstörungen an den Befestigungen einzustellen sind. Zum 1. September 1948 stellten die Franzosen die Sprengungen dann tatsächlich ein. Bis dahin hatten sie von 4100 Bunkern 3228 gesprengt, was einer Menge von 1.407.500 m^3 Beton entsprach. Hinzu kamen 36 km zerstörte Höckerlinie und 5,2 km Panzermauer. Außerdem wurden 95 km Panzerabwehrgräben verfüllt. Heute existieren noch rund 600 ungesprengte Westwallbunker auf dem Gebiet des Saarlandes. Meist vollständig übererdet warten sie, wie keltische Hügelgräber, auf ihre Wiederentdeckung.

In Nordrhein-Westfalen, Rheinland-Pfalz und Baden-Württemberg wurden die Sprengarbeiten bis in das Jahr 1950, also ein Jahr nach Gründung der Bundesrepublik Deutschland, weitergeführt. In diesen drei Bundesländern sind ca. 250 Bunker ungesprengt erhalten geblieben.

Besondere Erwähnung verdient in diesem Zusammenhang das *Rheinische Landesamt für Bodendenkmalpflege* mit seinem ehemaligen Mitarbeiter *Manfred Gross.* Dessen Initiative ist es zu verdanken, dass die Landesregierung von Nordrhein-Westfalen alle intakten Bauwerke unter Denkmalschutz stellte.

Regelbau 114a, WH Nr. 305, auf der Rodener Schanze bei Saarlautern 1940.

Dasselbe Gebäude im Jahr 1978...

... und schließlich weißgetüncht 1986.

Regelbau 108d, WH Nr. 337, in Luisenthal bei Saarbrücken vor dem Abbruch 1971.

Regelbau 120b, Panzerkuppel 441 Po1, in Dillingen/Saar 1980.

Dieser Pakstand Regelbau 20 in Karlsruhe/Rheinhafen wurde 1997 abgebrochen.

Regelbau 108b am Bahnhof Bous, Landkreis Saarlouis, (1985).

Schartenbau des Regelbaus 105b in Beckingen, Landkreis Saarlouis, (1985).

Rückseite eines als Zivilschutzanlage genutzten Geschützstandes (Regelbau 511a) in Saarbrücken-Dudweiler 1986.

Der Westwall 1951 bis heute – Was geblieben ist

Nachdem französische Firmen ab 1950 nicht mehr im Saarland tätig waren, werteten nun saarländische Unternehmen die Trümmer nach Brauchbarem aus. Die Landesregierung ließ in der Folgezeit Bunkertrümmer beseitigen, die der wirtschaftlichen, landwirtschaftlichen und verkehrstechnischen Entwicklung im Wege standen. Ungeachtet der damals ungeklärten Eigentumsverhältnisse, erarbeitete die rheinland-pfälzische Landesregierung bereits 1951 ein Programm zur Beseitigung der Bunkertrümmer.

1953 hatte eine Reihe von Bundestagsabgeordneten den Antrag gestellt, im Bundeshaushalt 10.000 DM für die Beseitigung von Westwallanlagen einzusetzen. In einem Urteil vom 13. Juni 1956 sprach der Bundesgerichtshof die vorhandenen bzw. inzwischen zerstörten Westwallanlagen der Bundesrepublik als Eigentum zu.

Die Kosten für die Abbruchmaßnahmen in Rheinland-Pfalz wurden zu Beginn der Aktion 1957 auf 100 Millionen DM geschätzt. Von damals 9067 gezählten Bunkern sollten 6300 beseitigt werden. Für die Beseitigung von 65 km Höckerlinie wurden 19,5 Millionen DM an Kosten errechnet. Der Bundesfinanzminister stellte Rheinland-Pfalz erstmals 1957 Gelder zur Bunkerbeseitigung zur Verfügung. Die erheblichen Stahlschrottmengen, die beim Abbruch frei wurden, konnten 1956 mit 70 DM pro Tonne verkauft werden. Selbst der Beton konnte zu Schotter verarbeitet und so weiter verwendet werden. Im Saarland wurden bis 1961 insgesamt 316 Bunker und Höckerhindernisse für 5.803.931 DM entfernt. Im Jahre 1961 erhielt das Saarland erstmals Bundesmittel zur Westwallbeseitigung in Höhe von 3.212.140 DM. Damit wurden weitere 184 Westwall-Anlagen beseitigt. 1967 erhielt das Saarland weitere 3.065.000 DM. Von 1957 bis 1963 stellte die Bundesregierung den vier Bundesländern am Westwall insgesamt 19 Millionen DM zur Verfügung. Ende des Haushaltsjahres 1964 hatte der Bund – und damit der Steuerzahler

Linker Eingang zu einem Unterstand für Batterieführung (Regelbau 119b) in Saarbrücken-Dudweiler (1986).

Sonderbauwerk in A für Sechsschartenturm in Merzig-Bietzen: Treppenhaus zum Untergeschoss, 1986.

– bereits 29,5 Millionen DM für die Beseitigung des Westwalls aufgebracht. Eine Beseitigung aller Anlagen der ehemaligen Westbefestigungen war aus wirtschaftlichen und haushaltspolitischen Gründen unmöglich. In Übereinstimmung mit der Auffassung des Haushaltsausschusses des Deutschen Bundestages war die Beseitigung sämtlicher Anlagen (unter dem Eindruck der Kuba Krise 1962) auch nicht vorgesehen.

Bis zum 1. Januar 1975 gab die Bundesregierung für die Beseitigung der Westbefestigungen schließlich rund 35 Millionen DM aus.

Die Maßnahmen staatlicher Stellen zur Gefahrenabwehr

Nach dem *Allgemeinen Kriegsfolgegesetz (AKG)* ist die Bundesrepublik Deutschland verpflichtet, Gefahrenstellen zu beseitigen. Ein freies Wort: Die Art und Weise, wie dies in den letzten 30 Jahren geschah, möchte der Verfasser als abenteuerliche, bürokratisch verwaltete Steuergeldverschwendung einordnen.

Es beginnt damit, dass die Sachbearbeiter kaum Sachkenntnis über die Bauwerke, die Ausbaustufen oder sonstige Westwalltypische Ausstattung besaßen und zum großen Teil immer noch nicht besitzen.

Im Saarland wurden die Ruinen zunächst mit Stacheldraht abgesichert. In der Pfalz zäunte man sie ebenfalls ein und anderswo machte man gar nichts. In öffentlich gut zugänglichen Bereichen, also dort, wo man die Ruinen deutlich sehen konnte, wurden diese übererdet. Als sich im Laufe der Jahre teils metertiefe Einspülungen durch Regenwasser bildeten, ließ man die Ruinen wieder ausgraben, zertrümmerte Mauern und Decken, um sie anschließend wieder zu übererden. Auf Ackergelände wurden metertiefe Gruben ausgehoben und die Betontrümmer dort vergraben, um den ständigen Beschwerden der Landwirte wegen beschädigter Pflüge nachzukommen.

Natürlich wurden durchaus sinnvolle und nachvollziehbare Maßnahmen zur Beseitigung von

Gesprengte MG-Uferkasematte (Regelbau 105) an der Saar bei Saarbrücken vor dem Abriss 1996.

So sieht eine Bunkerruine nach dem Abriss im Wald aus! Blieskastel 1997.

Westwall-Anlagen ergriffen. Doch die jährliche Zuweisung erheblicher Geldmittel trieb – und treibt – so ihre Blüten, zumal die eine oder andere Arbeitsstelle an der Bunker-Vernichtung hängt. Die Liste völlig unnötiger und unsinniger Aktionen ist lang. Beispielsweise wurde eine minierte Anlage bei Blieskastel mit Magerbeton ausgegossen; Kosten: 320.000 DM. Anderen Orts ließ man eine tief im Wald versteckte Beton-Ruine der *Ausbaustufe A* für gut 350.000 DM zertrümmern und übererden, obwohl die Anlage bereits zwei Jahre zuvor sicher umzäunt worden war. Ein rund

Unterstand für Fernsprechvermittlung im Wald bei Völklingen vor ihrem Abriss im Jahr 2000.

100 m entfernt liegender Bunker wurde nach dem vorauseilenden Hinweis eines Rentners gleich mit zerstört.

Die Beseitigung ungeliebter Ruinen auf privatem Grund und Boden ist prinzipiell auch kein Problem. Der Besitzer braucht nur zu melden, dort spielende Kinder gesehen zu haben – und schon ist der Bunker so gut wie weg.

Die Krönung sind aber jene Forstleute, die – um »ihren« Wald bunkerfrei zu bekommen, ein lautes Klagelied über angeblich in Ruinen verendetes Wild anstimmen. Falls dieser Trick nicht fruchtet, müssen auch schon mal Pilzesammler als bedrohte Spezies herhalten. Auffallend ist weiter die Tatsache, dass mit Müll aller Art verfüllte Ruinen vor ihrer Beseitigung nicht gereinigt wurden. Nachfolgende Generationen werden diesbezüglich noch so manch böse Überraschung erleben.

Nach Argumentation der Oberfinanzdirektionen und der Bundesvermögensämter müssten auch sämtliche nassen Panzergräben verfüllt werden, es könnte ja jemand darin ertrinken.

1978 sorgte der Landeskonservator des Landes Nordrhein-Westfalen dafür, dass erstmals eine Gruppe von Westwall-Anlagen (im Aachener Stadtwald) unter Denkmalschutz gestellt wurde.

Das aktive Interesse des Autors am Westwall wurde 1975 durch einen Zeitungsartikel geweckt, der sachlich fehlerhaft war und den ein Leserbrief anschließend kommentierte. Als Absender traten Geschichtsforscher aus dem Raum Trier in Erscheinung. Der Verfasser nahm Verbindung zu ihnen auf und erhielt eine Stellungskarte des zwischen Landau und Karlsruhe gelegenen Westwall-Abschnittes Bienwald.

Den Fachleuten Dipl.-Ing. *Jürgen Kraft* und Dipl.-Ing. *Martin Büren* verdankt er wertvolle Unterstützung über Jahrzehnte der Forschungsarbeit am Westwall, die auch die Grundlage des vorliegenden Werkes bildete.

Ab 1983 nahm er in Zusammenarbeit mit dem *Bundesvermögensamt Saarbrücken* eine Inventarisation des Westwalls im Saarland vor. Von rund 600 intakten Bauwerken konnten 550 in Augenschein genommen und eingeordnet werden. Die restlichen Anlagen sind seit Jahrzehnten übererdet oder überbaut. Hier können nur Zeitzeugen und Anwohner mehr oder minder aufschlussreiche Angaben machen. Von Karlsruhe bis in die Nordeifel führte er Hunderte von Begehungen durch, bei denen zahlreiche Ruinen vermessen und dokumentiert wurden. Leider gestaltet sich ein solches Vorhaben immer noch als Wettlauf mit der Zeit, da die Abrissbagger immer schneller arbeiten und so eine Rekonstruktion der Ruinen oft nicht mehr möglich ist. Viele Bauwerke, die auf Grund ihrer Konstruktion oder Ausstattung mit seltenen Panzerbauteilen erhaltenswert gewesen wären, wurden im Zuge des Saarausbaus zur Großschifffahrtsstrasse abgebrochen und verschrottet.

Zwei ausgebaute Ringstände für ein Freilichtmuseum. Blieskastel 1999

Doppelringstand in Originalzustand. Bischmisheim/Saar 2000.

Mehrere Versuche, den saarländischen Landeskonservator für die Unterschutzstellung von Westwallanlagen zu gewinnen, blieben ohne Erfolg. Das Ansinnen wurde permanent unter fadenscheinigen Begründungen abgelehnt. Lediglich vier Objekte, ein Stück Höckerlinie und die Bunkerruinen im »Deutsch-Französischen-Garten« in Saarbrücken*, ein Kuppelbunker in Saarlouis (der zum Atombunker umgebaut wurde) und das einzige erhaltene B-Werk des Westwalls in Merzig/Besseringen stehen im Saarland heute unter Denkmalschutz.

Das dem saarländischen Umweltministerium unterstellte Landeskonservatoramt wird sich 2003 zusammen mit dem Verfasser eingehend mit der Unterschutzstellung von Westwall-Anlagen beschäftigen bzw. diese vornehmen.

* Das Deutschmühlental in Saarbrücken wurde einst sehr stark befestigt und 1960 zu einer Begegnungsstätte mit Freizeitparkcharakter als »Deutsch-Französischer Garten« eröffnet. Über die Höckerlinie führt heute ein Spazierweg, und zahlreiche Bunker, die nur ihrer Panzerbauteile beraubt wurden, sind allenthalben zu sehen. Dieser Park wurde nun 2002 unter Denkmalschutz gestellt.

Bilanz 2004 – Was geblieben ist

Beispiele verschiedener Regelbauten aus allen Bauprogrammen

Regelbau	gebaut	erhalten	Bemerkung
D2	104	1	–
D3	?	2	–
C1	?	3	1 x ohne Platte
C4	?	1	ohne Kuppel
C5a	?	1	übererdet
B1/1	?	11	–
B1/5/5a	?	9	–
B1/23	ca. 70	13	–
B1/24	2	1	–
B1/25	ca. 60	1	–

»Limes«-Regelbauten

Regelbau	gebaut	erhalten	Bemerkung
1	522	13	–
10	3471	86	–
20	591	8	–
32	81	5	–

Neubauprogramm 1939

Regelbau	gebaut	erhalten	Bemerkung
101a – d	603	2	–
102a – d	606	3	–
105a – d	513	52	–
108a – d	226	24	1 x 108a (o. Platte)
109	20	1	
110	23	4	–
111	44	3	–
112	10	–	–
113	12	–	–
115a – b	161	8	–
115d	73	2	1 x 115d (o. Kuppel)
115a – d	67	2	

Regelbau	gebaut	erhalten	Bemerkung
117	72	5	–
118	39	–	–
120	96	2	–
121	23	2	ohne Kuppel
139	24	4	–

Kriegsregelbauten

Regelbau	gebaut	erhalten	Bemerkung
505	12	1	Spichern
506	20	2	–
514	29	2	–
515	28	3	–
516	24	3	–

Luftverteidigungszone West

Regelbau	gebaut	erhalten	Bemerkung
B	**251**	**11**	–
F	470	17	–
K	43	2	–
M	172	5	–
Pz	141	1	–
U	438	17	–
V	29	–	–

Immer noch sind viele seltene intakte Bauwerke vom Abriss bedroht. Durch Bauvorhaben aller Art werden die wenigen noch vorhandenen Reste des Westwalls immer mehr dezimiert. Selbst eine Unterschutzstellung kann bei übergeordnetem Interesse ihre Beseitigung nicht verhindern. Zahlreiche Privatinitiativen haben Bunker erworben, um sie der Nachwelt zu erhalten. Die Spuren und Reste des Westwalls werden die Bewohner der betroffenen Regionen noch lange beschäftigen.

Hofseite eines Doppelgruppen-unterstandes (Regelbau 102v), Spichern 1987.

Der Eingangshof des Doppelgruppen-unterstandes Regelbau 102v. Spichern 1989.

Dieser Gruppenunterstand (Regelbau 101v) in der Ortslage Hassel bei St. Ingbert/Saar wurde übererdet. Die Aufnahme stammt von 1978.

Regelbau 115a in Saarlouis 1984.

Schartenfront eines Regelbau 108b am Bahnhof Bous 1984.

Regelbau 105d In Bous, Schartenfront 1984.

Regelbau 506a in Blieskastel, Schartenfront 1985.

Schartenfront eines Regelbaus 108a mit Tarnputz, Bischmisheim 1985.

Dreischartenturm 407P9 (Regelbau 111a), Schwalbach/ Saar 1986.

Schartenfront eines Regelbaus 105b, Beckingen 1985.

Sonderkonstruktion Behelfsmäßiger Artilleriebeobachter mit Deckenplatte 7P7 zweistöckig in Saarbrücken. 1988 abgebrochen.

Treppenhaus eines Regelbaus 509c (Behelfsmäßiger Artilleriebeobachter) bei Blieskastel 1989.

Geschützstand (Regelbau 511a) als Wohnhaus umgebaut, Püttlingen-Etzenhofen 1992.

Doppel-MG-Schartenstand mit Wohnhaus überbaut, Saarbrücken 1989.

Abrissbagger an einer Bunkerruine am Steilhang. Blieskastel 1999

Abriss eines zweistöckigen Bunkers in Ausbaustufe A bei Blieskastel 1999.

Technik und Waffen des Westwalls

Nach heutigem Erkenntnisstand wurden von 1936 bis Juni 1940 rund 18.000 Einzelbunker und mehrere Hundert minierte Anlagen, Hohlgänge und Sperren aller Art errichtet. Die Bau- und Arbeitsleistung, die vor allem zwischen Juni 1938 und Juni 1940 erbracht wurde, ist ohne Beispiel. Winston Churchill würdigte den Westwall, den er 1945 besichtigte, als *größte militärische Bauleistung in Europa seit den Römern.* Der alliierte Oberbefehlshaber Dwight David Eisenhower begutachtete den Westwall ebenso wie der berühmte US-Panzergeneral George Smith Patton. US-Sondereinheiten machten Tausende Fotoaufnahmen; französische Pioniere fertigten Hunderte Zeichnungen von Bunkern, Panzerbauteilen, Türen, Einrichtungsgegenständen usw. an. Die deutschen Bauzeichnungen sind, in der Masse, bei Kriegsende vernichtet worden oder gelten als verschollen. Die aktuellen Erkenntnisse wurden nicht aus Dienstvorschriften bezogen, sondern in Jahrzehnte dauernder Arbeit am Objekt gewonnen. Viele Zeitzeugen trugen durch eindruckvolle Berichte ihrer Westwallzeit, ob als beim Bau beteiligte Arbeiter, Reichsarbeitsdienst-Angehörige oder als Soldaten zu diesem Wissensstand bei.

Ihnen und allen, die dem Verfasser ihre Hilfe haben zukommen lassen, sei an dieser Stelle recht herzlich gedankt!

MG Kampfraum mit eisernem Untersetzkasten, Schartenlafette 08 mit MG 08 (Saarbrücken 1999).

1. Bautechnik

Bauvorbereitungen

Aufgabe der *Festungspioniere* war es, die Standorte der Anlagen zu erkunden und festzulegen. Die dazu erforderlichen Grundstücke wurden nach einem eigens dazu herausgegebenen Erlass erworben, wobei aus Sicherheitsgründen kein Eintrag in die Grundbücher erfolgte. Von Fall zu Fall prüften Wehrgeologen mittels Bohrungen den Baugrund. Vornehmlich der *Reicharbeitsdienst* wurde ab Sommer 1938 zum Wege- und Erdbau eingesetzt, um die schweren Maschinen, Baustoffe und Panzerbauteile an die Baustellen zu bringen. Bei einsehbaren Baustellen wurden diese mit Sichtblenden aller Art vor neugierigen Blicken geschützt.

Baubeginn

Zunächst wurde die Baugrube ausgehoben und das Erdreich für weitere Baumaßnahmen weiter verwendet oder geschickt im Gelände verteilt. In Abschnitten mit hohem Grundwasserspiegel wurden Spundwände eingerammt, um ein Einstürzen der Baugrube zu vermeiden.

RAD-Männer beim Vorbereiten einer Baustelle, 1939.

Arbeitspause für RAD-Trupp 5, 1939.

Mittagspause auf einer Baustelle des RAD, Hochsommer 1938

Sichtblende aus Schilfmatten am Oberrhein, Winter 1939/40.

Westwall, Abschnitt Steinfeld: Bagger beim Aushub einer Baugrube, Abtransport des Erdreichs mit der Feldbahn, 1939.

Männer des Reichsarbeitsdienstes beim Ausschachten einer Baugrube, 1939.

Bunkerbaustelle des Festungspionierstabes 2, St. Wendel 1940.

Betonierarbeiten

Zunächst wurde eine Arbeitssohle gegossen und diese gegen aufsteigende Feuchtigkeit isoliert. Auf diese kam dann die bis zu 1,5 m starke Fundamentsohle aus Beton mit Verbindungsarmierungseisen. Nach deren Aushärten kamen die Eisenflechter zum Einsatz, die eine kubische Bewehrung aus 12 mm Rundstahl (Maschenweite 20–25 cm) aufbauten. Gleichzeitig wurden alle im Bunker verlaufenden Rohrleitungen für Luft, Strom, Fernmeldekabel und Kamin eingesetzt. In einzelnen Fällen wurde in der Baugrube eine Brunnenbohrung eingebracht, die dann mit entsprechenden Rohren gesichert war. Mit dem Einbau der Holzverschalung wurden alle Schartenplatten und Türen eingebaut. Auch die Ankerschrauben für Bettrahmenhalter, Fernsprecher, Batteriekasten und Schutzlüfter wurden mittels Schablonen eingesetzt. Oftmals arbeiteten mehrere Firmen gleichzeitig in einem Bauabschnitt. So kam es, dass z.B. ein *Regelbau 10* 1938 bereits mit Schaltafeln betoniert wurde, wogegen sein 100 m entfernter

Nachbar noch mit Brettern verschalt war. Um eine Wandverkleidung in den Bereitschaftsräumen anbringen zu können oder Aufnahmemöglichkeiten zu schaffen, wurden schwalbenschwanzförmige Hartholzleisten in die Innenwände einbeto-

Die kubische Armierung eines Bunkers des Neubauprogramms 1939 bei Völklingen/Saar 1940.

Tiefbrunnenbau im Bunkerfundament, 1939. FA

Betonmischer und Zementlager auf einer Baustelle, 1940.

niert. Das Anbohren der Wände war verboten, um Rissbildungen zu vermeiden. Diese Hartholzleisten wurden 1936/1937 als Dübel bezeichnet, wie manche Inschrift noch erkennen lässt. Vor dem Betonieren musste die *Oberbauleitung* oder der zuständige *Festungspionierstab (FestPiStab)* die Freigabe erteilen.

Der Beton wird umgefüllt, 1940.

Schüttrutsche zum Einbringen des Betons in die Verschalung, 1939.

Die Bunker-Innendecken wurden mit Doppel-T-Trägern, Normprofil 12-42 cm, aller namhaften deutschen Hersteller im Abstand von 30 cm eingesetzt. Um den Abstand zwischen den Trägern konstant zu halten, verschraubte man drei bis vier Träger mit Bolzen, um jede Veränderung beim Betonieren zu vermeiden. In die Zwischenräume wurden 3–5 mm starke Bleche eingelegt, die

Die Verschalung eines Bunkers wird eingebaut, 1938.

RAD-Männer beim Ausschachten der Fundamente für ein Höckerhindernis, 1940.

Blick in einen Wellblechunterstand, 1939.

jeweils einige Zentimeter auf den T-Trägerflanschen auflagen. Jeder Träger war mit einer farbigen Nummer versehen, die eine Zuordnung im Trägerplan zweifelsfrei zuließ. Ebenso war die Regeltypnummer auf den Trägern aufgemalt. Diese Trägerdecke diente als Abplatzschutz bei Deckentreffern und ersparte eine Deckenschalung. Vereinzelt kamen die bereits in kaiserlichen Festungen bewährten Wellbleche als Deckenschutz zur Verwendung, bei Unterständen aus Stampf- oder Magerbeton waren sie Standard.

Das Betonieren sollte möglichst in einem Guss erfolgen. Die oberste Schicht der Bauwerksdecke (3–5 cm) wurde als Schutz vor Tagewasser mit einer Beton-Feinmörtelschicht im gleichen Arbeitsgang betoniert. Nach dem Ausschalen des Bunkers wurde ein aus mindestens zwei Schutzanstrichen bestehender Dichtungsanstrich auf alle erdbeschütteten Bauwerksteile aufgebracht. Bei Bunkern des *Neubauprogramms 1939* wurden als Drainage um die Bauwerke herum Tonröhren in einem

Männer der RAD-Abteilung 323/5 bei der Befehlsausgabe. Dillingen/Saar, April 1939.

Gemeinschaftsbaracke im RAD-Lager Quierschied (Stadtverband Saarbrücken) 1939.
Aufnahme Werner Schwind

Kiesbett verlegt. Gelegentlich konnten auch Entwässerungsrohre, die aus den Bunkern führen, festgestellt werden. Ab März 1938 war dann (wenn durchführbar) eine zwei bis drei Meter starke Zerschellerschicht aus Hartsteinen um die Außenwände anzubringen. Diese sollte vor direkten Treffern auf die Betonwände schützen.

Nun trat vorwiegend wieder der *Reichsarbeitsdienst* in Erscheinung, um die Bunkeranlagen anzuerden und zu bepflanzen. Die freistehenden Bauwerksteile sollten in einem Mehrfarbentarnanstrich (hell-, dunkelgrün mit hell-, dunkelbraun) getarnt werden, was aber ab 1940 nur noch selten geschah. Bunker in Ortslagen wurden als Scheune, Wohnhaus, Spritzenhaus, Geschäft u. ä., teilweise sehr originell und aufwändig getarnt. Die Amerikaner waren so verblüfft, dass sie ganze Häuserblocks beschossen, um zu erkennen, dass die Häuser, die nicht zerstört wurden, Bunker waren.

Nach dem Streichen der Innenwände, Schartenplatten, Türen und Decken wurden elektrische

Oben:
Tor des RAD-Lagers Quierschied 1939.
Aufnahme Werner Schwind

Rechts:
RAD-Vormann Werner Schwind im Westwall-Einsatz 1939

Reichsarbeitsdienst in einer recht improvisiert wirkenden Vorfeldstellung »Villa Gerti« 1939.

Leitungen verlegt, Lampen, Schalter und Steckdosen eingebaut. Die Bereitschaftsräume der Bunker des Neubauprogramms wurden dort, wo Betten eingebaut wurden, mit einer Wandverkleidung aus Nut- und Federbrettern, einer Art von Eternitplatten oder mit einer styroporähnlichen Masse versehen. Die genormten Betten (0,7 m x 1,9 m) aus Stahlrohr konnten mit weicher oder harter Drahtbespannung, mit Netzauflage aus Sisal oder mit Segeltuch geliefert werden. Meistens befanden sich drei Betten übereinander, die tagsüber an die Wand geklappt werden konnten. Hocker und Tische waren aus Holz und zusammenklappbar. Ablagebretter und Wandschränke, Waschschüsseln und Wasserkannen gehörten ebenso zur Ausstattung wie Trockenklosett, Werkzeugständer und Gewehrständer.

Getarnter Eingangshof eines Bunkers Raum Saarbrücken 1939.

Bereitschaftraum eines Regelbaus 115a mit RAD-Sicherheitsbesatzung, 1939.

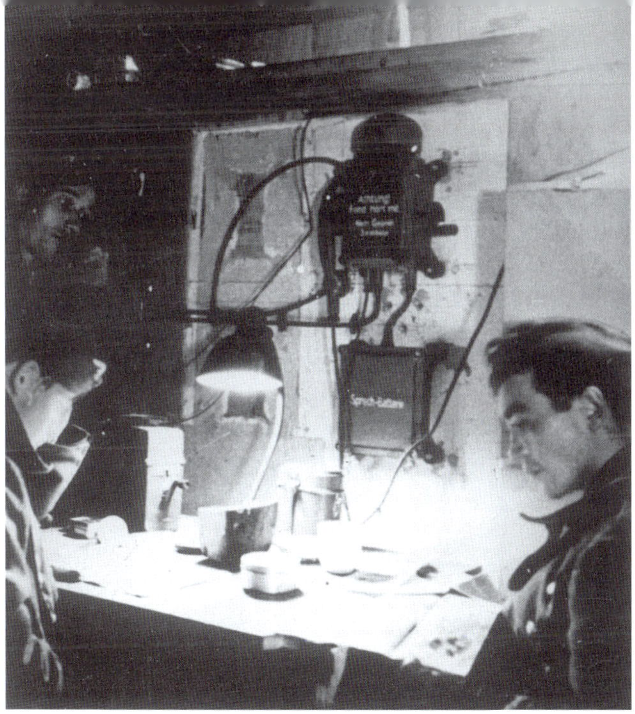

Als Bahnhofsgebäude getarnter MG-Stand in Saarlautern-Roden, 1940. FA

Die gewaltige Decke eines A-Bauwerks mit Dreischarten-MG-Kuppel in Ausführung B. Aufnahme von 1940.

Eingangshof eines Bunkers des Neubauprogramms 1939 mit dem Namen »Groschengrab«. Aufnahme von 1940.

2. Hohlgangssysteme und minierte Anlagen

Die Verwendung von *Hohlgängen* spielte in der Konzeption des Festungskampffeldes eine wichtige Rolle. Als Hohlgänge werden unterirdische Gänge verstanden, die Kampfanlagen, Unterstände, Untertageräume miteinander und mit dem rückwärtigen Gelände verbinden. Hohlgänge konnten auch zu Hohlgangssystemen ausgeweitet werden. Ein Hohlgangssystem bestand aus mehreren Eingängen und aus Verkehrs- und Verbindungshohlgängen zu den einzelnen Bunkeranlagen.

1939 wurden zahlreiche Hohlgangssysteme begonnen, von denen nur wenige ein Teilziel in Form eines Anschlusses an eine oberirdische Anlage erreichten. Nach einer Auflistung von 1943 existierten 57 Hohlgangssysteme, von denen rund 10.000 m als belegungsfähig und fertig ausgewiesen wurden. Das größte Hohlgangssystem, Gerstfeldhöhe bei Pirmasens, sollte eine Gesamtlänge von 9000 m erreichen. Bei Einstellung der Bauarbeiten waren 3389 m vorgetrieben und 850 m betoniert. Fünf Kampfanlagen waren angeschlossen.

Minierte Anlagen bestehen in ihrer Grundform aus zwei parallelen Eingangsstollen, die in einen Hang getrieben werden und im Berg durch einen Gebrauchsraum miteinander verbunden sind.

Der erste Ausbaubefehl von 1939 ordnete aus Mangel an Eisen den Bau minierter Anlagen an, um das Soll an Unterständen materialsparend erfüllen zu können. Mindestens 180 Anlagen dieser Art in unterschiedlichsten Größen, zum Beispiel als Mannschafts- oder Sanitätsunterstände, Gefechtsstände für Stäbe bis hin zu Korpsstäben, wurden gebaut. Zahlreiche minierte Anlagen sind ungesprengt erhalten geblieben, aber vielfach übererdet.

Minierte Anlage, Lagerstollen bei Serrig/Saar 1995.

Hochgezogenes Treppenhaus der minierten Anlage.

Ebenerdiger Zugang der Anlage bei Serrig/Saar.

Divisionsgefechtsstand als minierte Anlage, Schiebetor mit den Spuren amerikanischer Nachkriegsnutzung. Pirmasens 1995.

Eine Tür der minierten Anlage mit der von den Amerikanern aufgebrachten Aufschrift: »Was uns nicht umbringt macht uns nur härter!«

Schrägaufzug zum Untergeschoss.

Bau eines Hohlgangssystems 1939.

Eingang zu einer minierten Anlage im Sauerabschnitt (1996).

Einer der drei Eingänge (Zeichnung s. Seite 142).

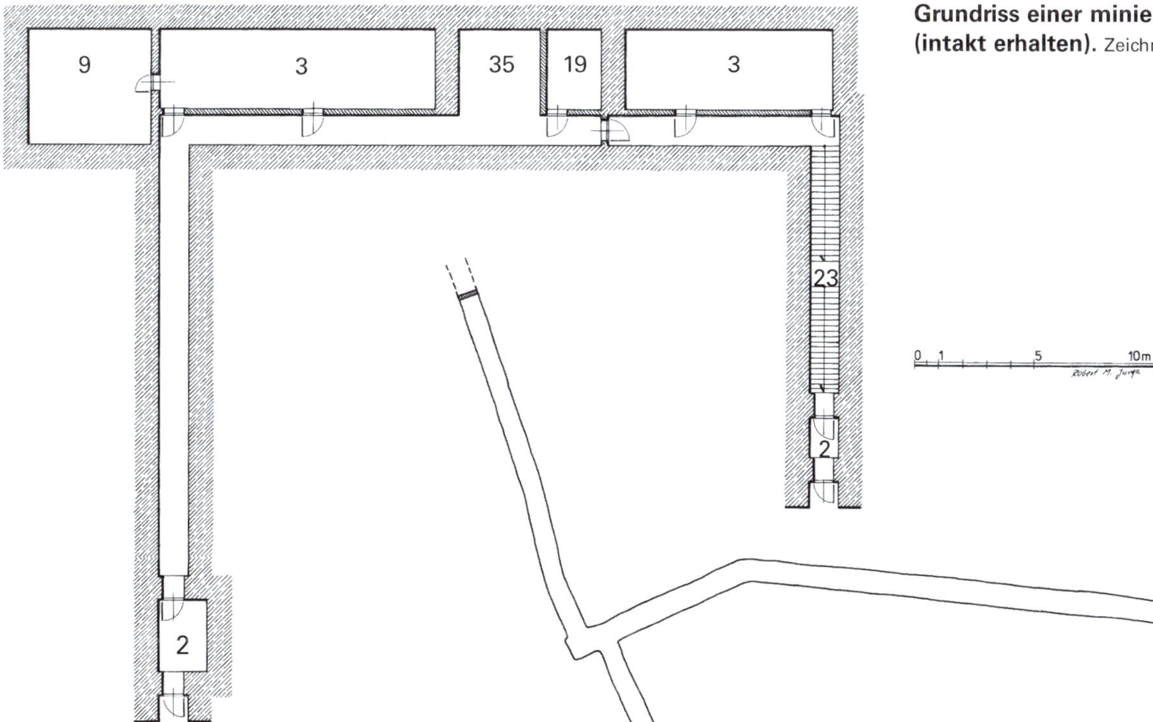

Grundriss einer minierten Anlage (intakt erhalten). Zeichnung RJ

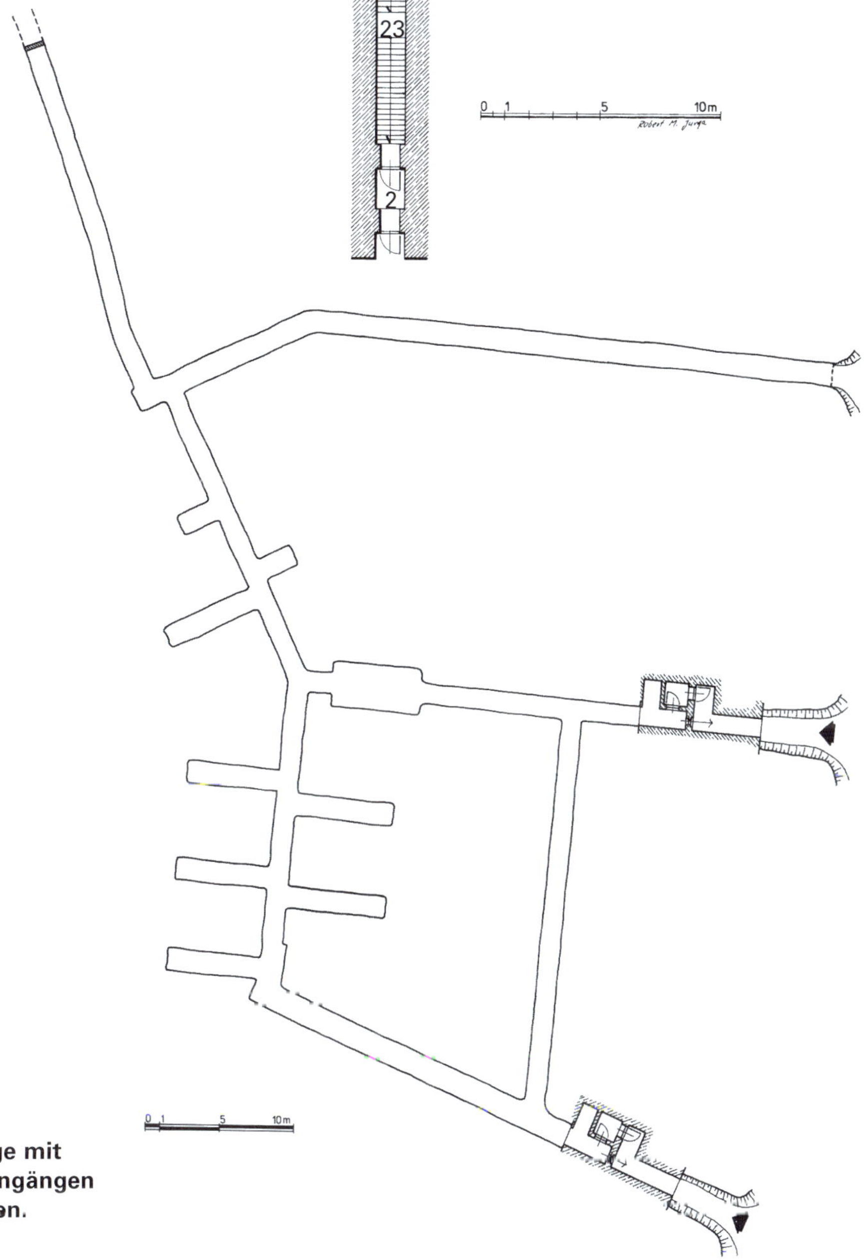

Minierte Anlage mit gesicherten Eingängen bei Saarbrücken.
Zeichnung RJ

Divisionsgefechtsstand Edingen im Sauer-Abschnitt: Grundriss des Eingangsbauwerks.
Zeichnung RJ

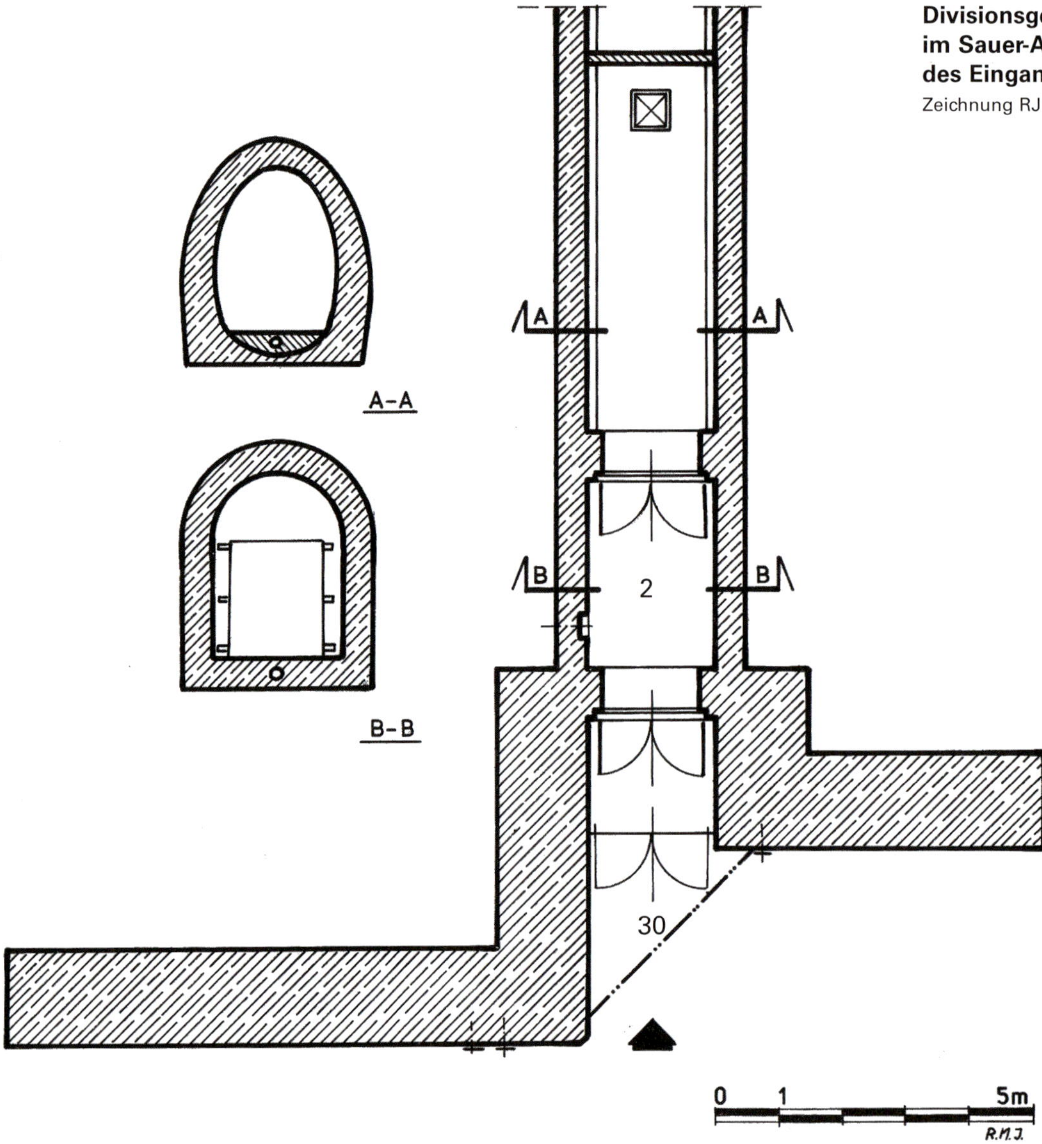

Divisionsgefechtsstand
EDINGEN
Sauerabschnitt

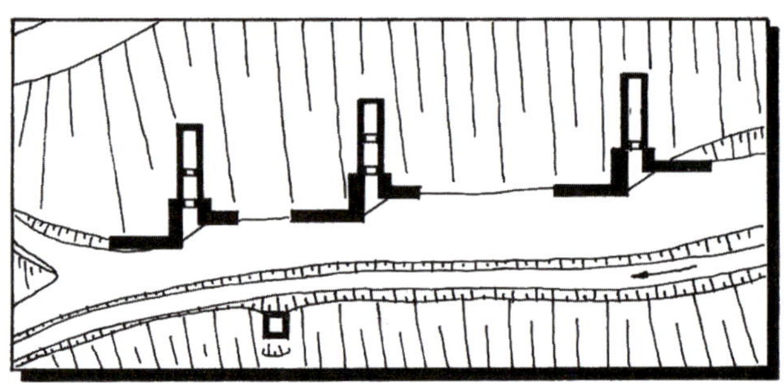

3. Heizung, Lüftung und Gasschutz

Bis auf wenige Ausnahmen erhielten alle Bunker Kohleöfen. Die ersten Modelle waren handelsübliche Öfen und nicht gasdicht. Es kam vereinzelt zu Todesfällen durch Kohlenmonoxidvergiftungen. Für den wohl wichtigsten Gegenstand im Bunker gab es strenge Bedienungsvorschriften. Aber bei großer Kälte war ein Bunker ein Kühlschrank, in dem ein längerer Aufenthalt ohne Heizung fast unmöglich war. 1938 entwickelte die Firma Haas & Sohn einen gasdichten und druckfesten Ofen – den *WT 80*. Viele ältere Bauwerke des Pionierbauprogramms wurden mit diesem Modell nachgerüstet. Auf seiner Oberseite befindet sich ein Absperrventil, um den Ofen bei Alarm sofort löschen zu können. Um dieses Ventil ist eine nierenförmige Platte befestigt, die drei Kochgeschirre aufnehmen konnte, um die Verpflegung warm zu halten oder anzuwärmen. Nachdem die Truppe sich beschwert hatte, man könne auf diesem Ofen nicht kochen, wurde das Modell *WT 80 K* mit Kochplatte entwickelt. Zu jedem Ofen gehörte ein Kohlevorrat, ein Schürhaken sowie Kohle- und Ascheimer.

Nach den furchtbaren Erfahrungen aus den Gasangriffen des Ersten Weltkrieges legte man auf Gassicherheit im Festungsbau großen Wert. Bis auf wenige Ausnahmen, wie Wellblechunterstände, waren alle Anlagen gasdicht und mit einer Schutzbelüftung versehen. Die Firma Anton Piller aus Osterode im Harz entwickelte die so genannten *Heeres-Einheits-Schutzlüfter*. Diese hatten eine Schutzluftförderleistung von 0,6 m³, 1,2 m³ und 2,4 m³ pro Minute. Sie ließen sich manuell oder elektrisch betreiben. Stahltüren erhielten eine Filz-, Blechtüren eine Gummidichtung. Schartenverschlüsse waren ebenfalls gasdicht. Bei Undichtigkeiten konnte eine spezielle Abdichtpaste verwendet werden. Zuluft wurde durch gepanzerte Ansaugroste in ein Rohrleitungssystem gefördert, um dann, durch einen Viskose Watte-Filter (ab 1938) von Partikeln und Staub gereinigt, in den Bunker zu gelangen. Ein Raumüberdruck von 0,2 bar verhinderte das Eindringen von Gasen. Gase die beim Schießen entstanden, wurden durch die Schartenöffnung nach außen gedrückt. Überdruckventile entlüfteten die einzelnen Räume selbsttätig. Zur weiteren Ausrüstung des Bauwerks gehörte auch ein Gasspürgerät mit Prüfröhrchen.

Propagandapostkarte vom Westwall: Eine Bunkerbesatzung.

4. Panzerbauteile

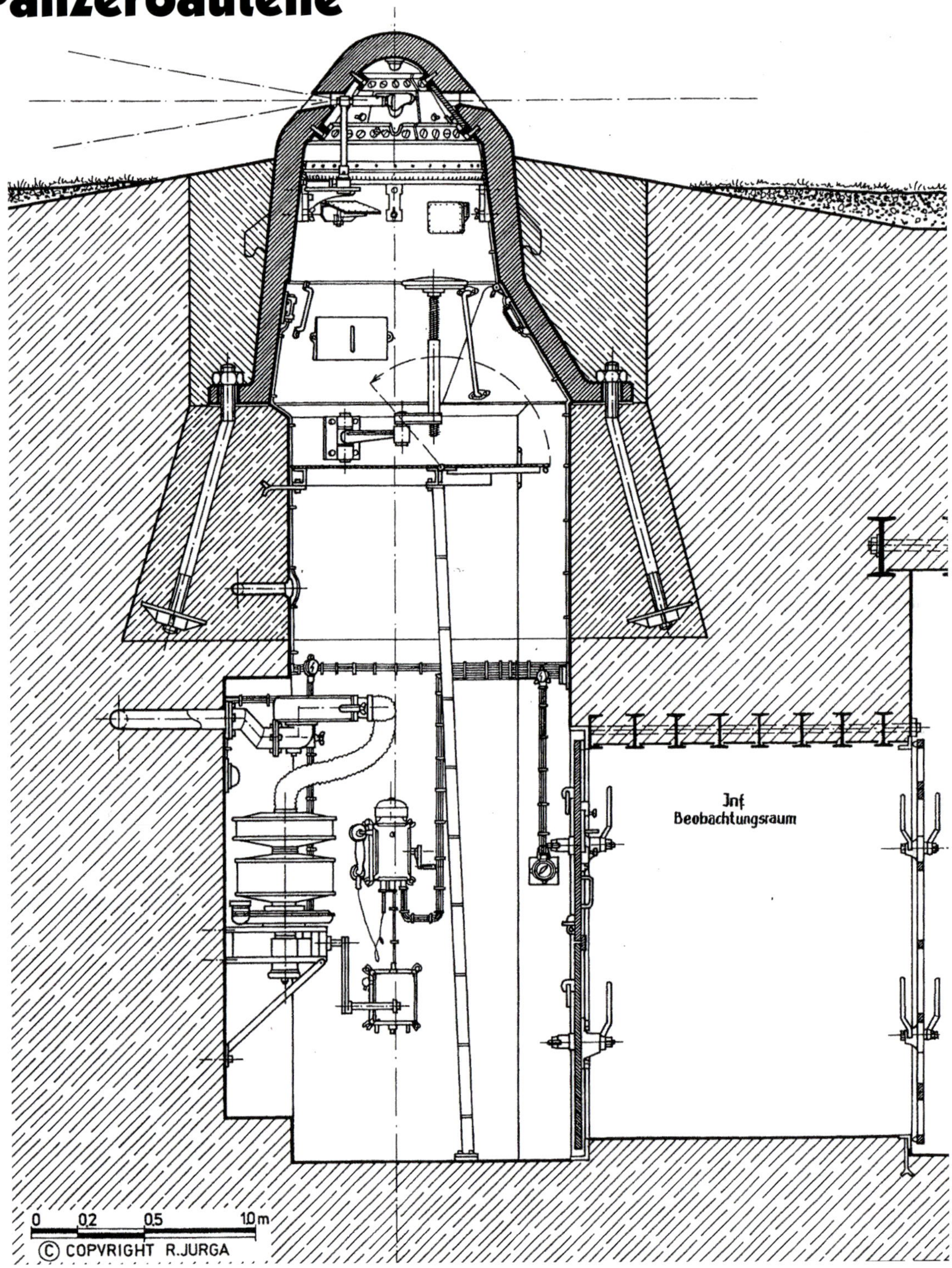

Als markanteste Panzerbauteile treten die Schartenplatten für MG und Pak sowie die Schartentürme für MG mit zwei, drei oder sechs Scharten in Erscheinung (siehe Auflistung der eingebauten Festungspanzer auf Seite 29 sowie die Schnittzeichnungen auf den Seiten 27, 28, 144, 152, und 157). Dazu kamen Kleinstglocken zur Infanteriebeobachtung sowie Türme zur Infanterie- und Artilleriebeobachtung. Vervollständigt wurde das Panzerteileprogramm durch Lüftungspanzer, Sehrohrpanzer, Schartenverschlüsse usw. Zahlreiche Entwicklungen wurden in nur geringen Stückzahlen eingebaut oder gar nicht verwendet, wie die Drehtürme für Pak oder Artillerie. Teilweise wurden die bereits in der Kaiserzeit entwickelten Festungspanzer modifiziert, so die Schartenplatten mit Schieberverschluss. Kuppeln und Scharten des Westwalls profitierten aber auch von völlig neuen Entwicklungen, darunter der so genannte *Kugelkalottverschluss*.

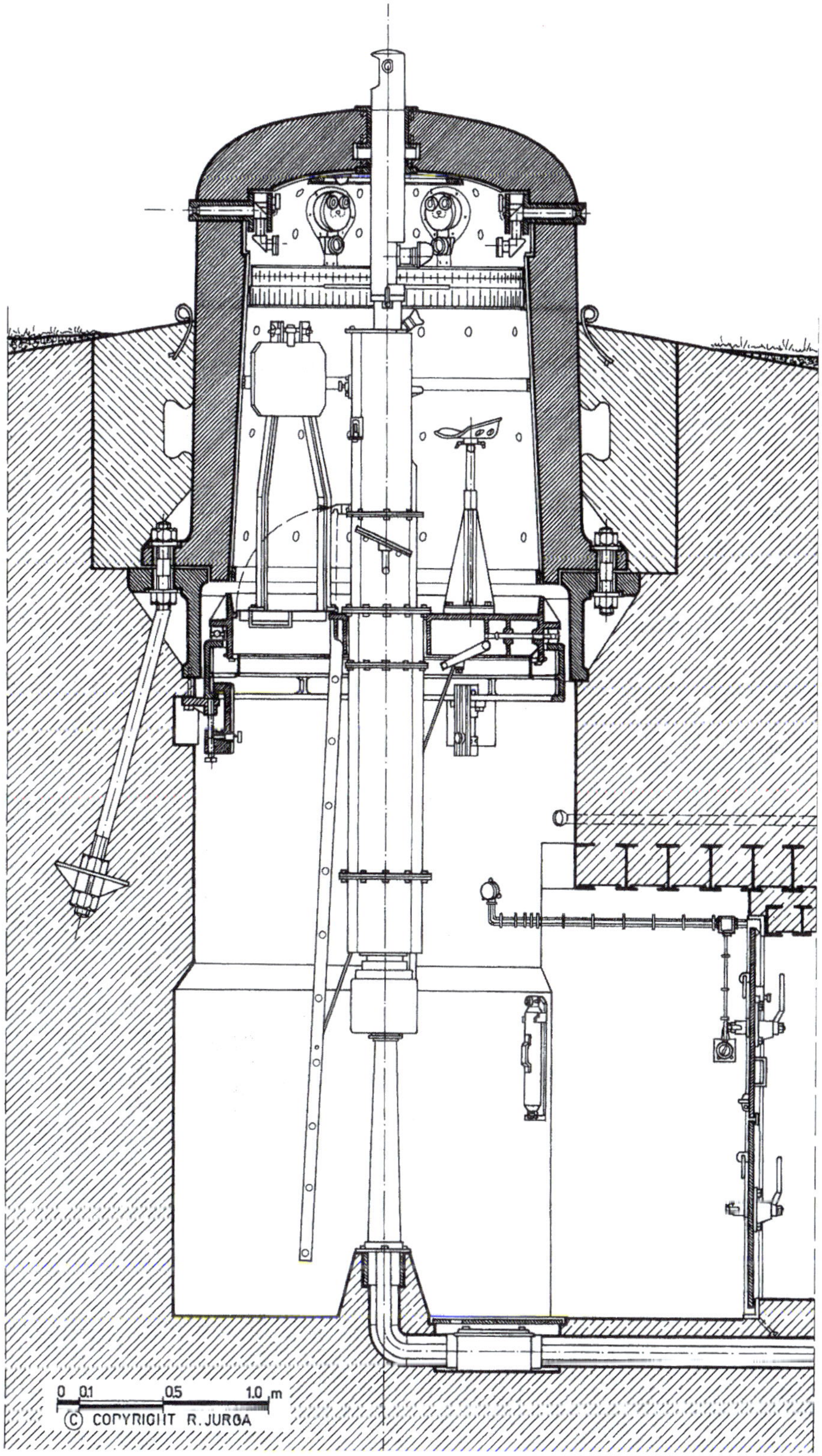

Beispiele für Panzerbauteile.

Links:
Infanteriebeobachtungs-Kleinstglocke 90P7.

Rechts:
Turm zur Artilleriebeobachtung Modell 21P7 in Ausbaustufe B.

5. Die Waffen der Befestigungsanlagen

Maschinengewehre

Die Hauptwaffe der Bunkeranlagen war das Maschinengewehr. Auf der *Schartenlafette 08* ließ sich das alte wassergekühlte *MG 08* und 08/15 (7,9 mm x 57) das bereits im Ersten Weltkrieg eingesetzt wurde, montieren. Mit verschiedenen Gewehrträgern, welche die Bedienung auf die Schartenlafette setzen konnte, erweiterte sich die Gruppe der einsetzbaren MG um das luftgekühlte *MG 34* und die ebenfalls luftgekülhten tschechischen Beutewaffen *MG 26(t)* und *sMG 37(t)* (beide 7,9 mm x 57). In Türmen mit Schieberverschluss konnten nur MG 08 auf rollbaren Lafetten von Scharte zu Scharte gebracht werden. In Bunkern mit Kugelkalottverschluss wurde das MG 34 in die *Schartenlafette 34* eingesetzt und auf einer Fahrbahn von Scharte zu Scharte gerollt. Flankierende Anlagen wurden mit Schießtischen aus Beton oder Eisen ausgestattet bzw. die Waffe als leichtes MG auf eine Stecklafette montiert. Die Reichweite als schweres MG betrug 3500 m. Als wirkungsvollste Entfernung wurden 1200 m gerechnet. Zur Panzerabwehr stand die Truppenpak *3,7 cm Panzerabwehrkanone 35/36* zur Verfügung. Dieses schwache Kaliber sollte in Schartenständen *hinter* der Maulscharte ohne Panzerschutz, oder hinter einer Schartenplatte *aus* dem Bunker wirken. Dazu wurden die Räder abgenommen und die Pak in eine Pak-Drehbettung eingesetzt. Die zweite Möglichkeit war die offene Feuerstellung, bei der die Kanone in einem Unterstellraum nebst Bedienung und Munition untergebracht war.

Getarnte Maulscharte eines Bunkers, 1939.

Feldwebel hinter dem MG einer Schartenlafette, 1939.

MG 08 mit Schutzschild auf Schartenlafette 08 (Saarbrücken 1999).

Schartenlafette 08 mit Gewehrträger 34 und MG 34 im Westwall-museum Gerstfeldhöhe e.V. 2002

Dreischartenturm mit MG in Feuerstellung (Schwalbach 1999).

Kampfraum mit Schartenplatte 7P7 eines Regelbaus 108b in Saarbrücken (Aufnahme von 1984).

Soldaten im Eingangshof eines A-Bauwerks mit flankierender Anlage, Mai 1940.

Stahlschartenplatte für MG-Stände, Modell 7P7, Schnitt durch den MG-Kampfraum. Zeichnung RJ

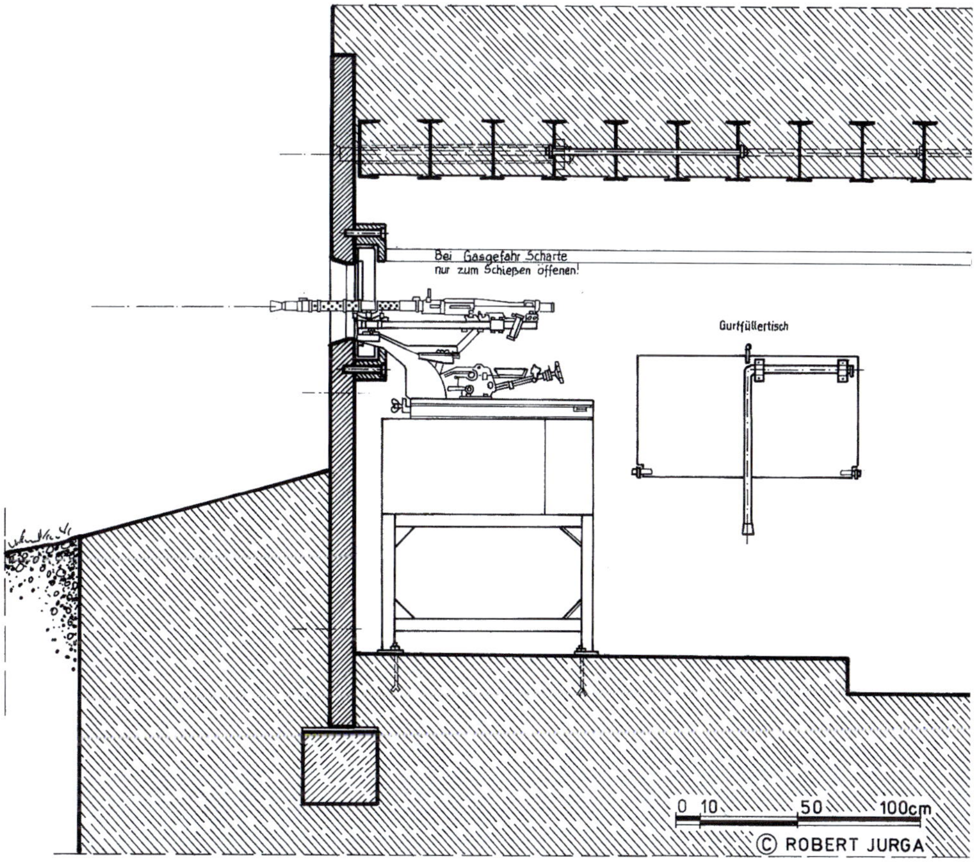

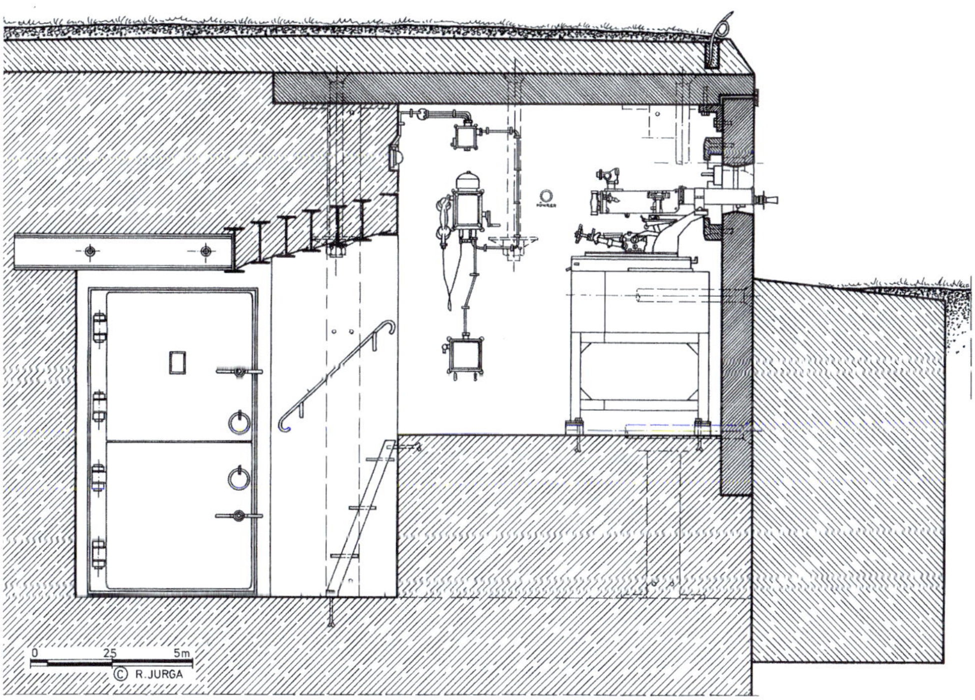

Panzerscharten- und Deckenplatte in B, Modell 4P7, Schnitt durch den MG-Kampfraum. Zeichnung RJ

Panzerkasematten

Bereits 1935 wurde die *Panzerkasematte 29P8* für die *3,7 cm Festungspak (3,7 cm PakK, Rohrlänge L 65)* und das *MG 34 in Schartenlafette 34* entwikkelt. Zwei Jahre später waren acht *29P8* lieferbar. Ein Panzerschutz aus Scharten- und Deckenplatte schützte die 3,7 cm-Festungspak, deren Rohr 20 Kaliberlängen, also 74 cm länger war als das der Truppenpak 35/36. In *Panzerstärke B* wies die Scharten- und Deckenplatte eine Stärke von 200 mm auf, welche die Kasematte auf ein Gesamtgewicht von rund 47 t brachte. Spätere Modelle verfügten noch über Seitenplatten und eine Rückenplatte. Von insgesamt 41 bis 1941 hergestellten Panzerkasematten wurden nur zwei auf deutschem Boden eingebaut:

1. Eine *29P8* mit einer Dreischartenkuppel in *B 2P7* auf der Decke eines Bunkers der *Werkgruppe Ludendorff* der Festungsfront Oder-Warthe-Bogen.
2. Im wohl größten Kampfbunker des Westwalls, der kein klassisches B-Werk ist – dem *Brückensicherungswerk Merzig.* Dieses Werk mit einer Ausdehnung von 60 x 80 m verfügte über eine

Maschinengewehr 08/15 in Feuerstellung aus einer Schartenplatte 7P7, 1939.

MG 34 in einer Schartenplatte eines Bunkers 1939

Pakschartenstand (Regelbau 20) bei Riegelsberg. Platte der Eingangsverteidigung Typ 422PO1 (Aufnahme von 1987).

Schartenfront eines Regelbaus B1/5a in Merzig-Besseringen aus dem Pionierbauprogramm 1937 (Aufnahme von 1984).

Eingangstür zu einem Unterstand in Ausbaustufe C des Pionierbauprogramms 1937 in Blleskastel (Aufnahme von 1990).

Ausbildung an der 3,7 cm-Pak 35/36 am Oberrhein 1939.

Schartenplatte 7P7, vier *Schartenplatten 78P9*, eine *Panzerkasematte 29P8* mit wiederum einer *Sechsschartenkuppel 20P7* auf der Decke über der Panzerkasematte.

Das *Brückensicherungswerk Merzig* wurde nach seiner Fertigstellung im März 1940 zunächst von Oberleutnant Eitner befehligt, der dieses Kommando gegen Kriegsende als Ritterkreuzträger und Regimentskommandeur im Rang eines Oberstleutnants erneut erhielt, bis auf Befehl der Westwallabschnitt Saartal am 16. März 1945 aufge-

3,7 cm-Festungspak in Panzerkasematte 29P8. Zeichnung RJ

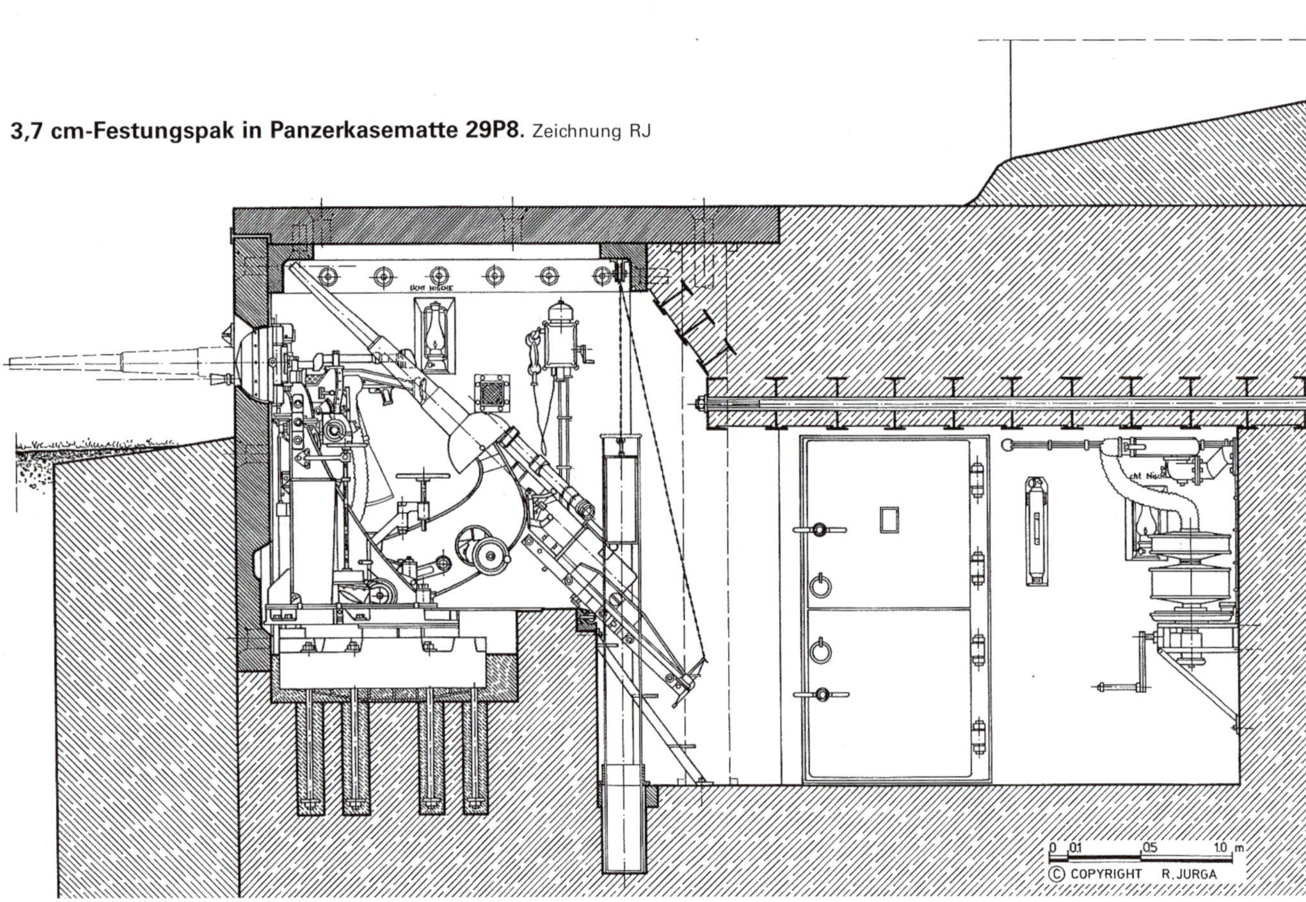

geben wurde. Leider wurden alle Panzerbauteile verschrottet und das Brückensicherungswerk ist nur noch als Torso erhalten.

Insgesamt sechs Panzerkasematten kamen in Befestigungsanlagen zum Einbau, eine für *10 cm-Kasemattkanone* ist ohne Waffe im Atlantikwall bei St. Nazaire erhalten. Über den Verbleib der restlichen Exemplare ist nichts bekannt.

4,7 cm Panzerabwehrkanone Festungspak 36(t) 5 cm Pak-Drehturm

Nach der Besetzung der Tschechoslowakei im März 1939 fielen der Wehrmacht zahlreiche Festungswaffen in die Hände. Die *4,7 cm Panzerabwehrkanone Festungspak 36(t)* stand im Ruf, eine sehr gute Festungswaffe zu sein, da sie fast die doppelte Durchschlagsleistung der deutschen 3,7 cm-Pak erbrachte. In der Maginotlinie waren die 3,7 cm- und die 4,7 cm-Pak an einer Laufschiene an der Decke des Kampfraumes befestigt, um in so genannten *Wechselscharten* bei Bedarf das Zwillings-MG ersetzen zu können. Bei massivem Beschuss war das Risiko, dass eine an der Decke hängende Waffe ausfällt, allerdings sehr hoch. Die tschechische Beute-Pak hingegen ruhte in einem Kugelkopf, den eine starke Schartenpanzerung schützte.

4,7 cm-Pak 36(t), Ansicht von links (1940).

4,7 cm-Pak 36(t), Ansicht von rechts.

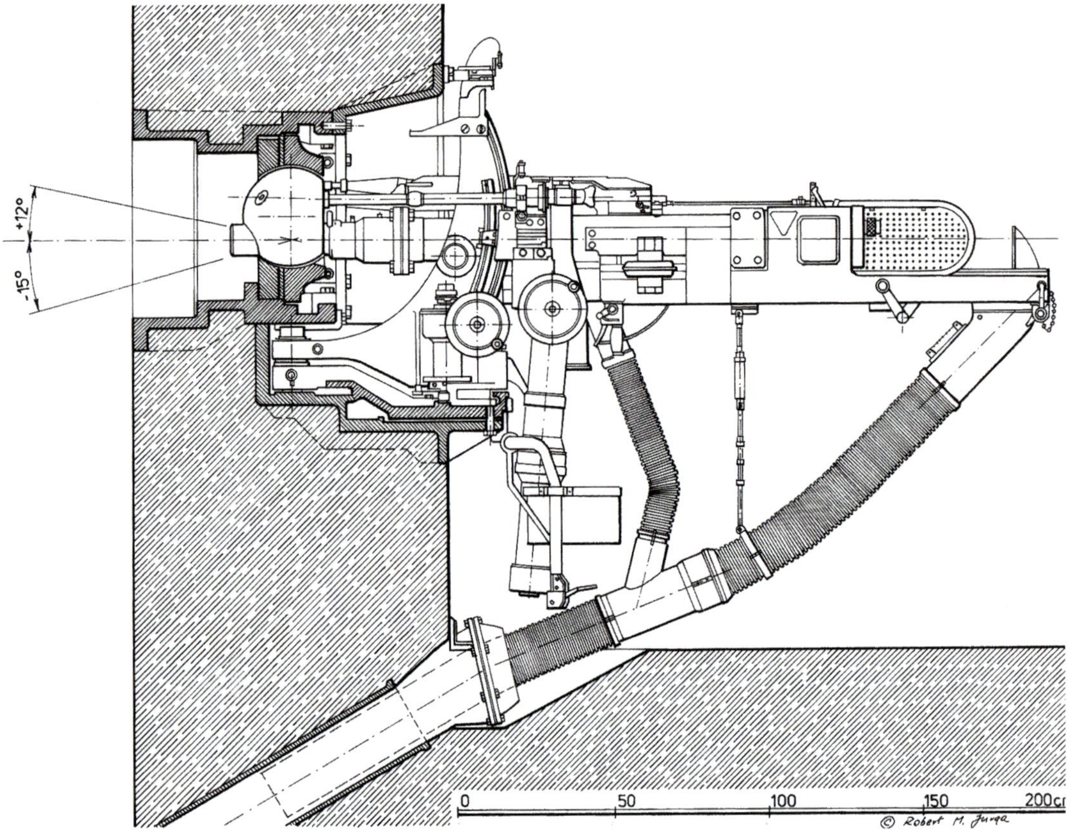

Ansicht einer 4,7 cm-Pak 36(t) in einem Westwallbunker.
Zeichnung RJ

Schartenfront eines Regelbaus 139 bei Bous-Saar (1975). Anlage abgebrochen.
JK

Schartenplatte für Pak-Stände in B1, 30°, Modell 473P2.
Zeichnung MB

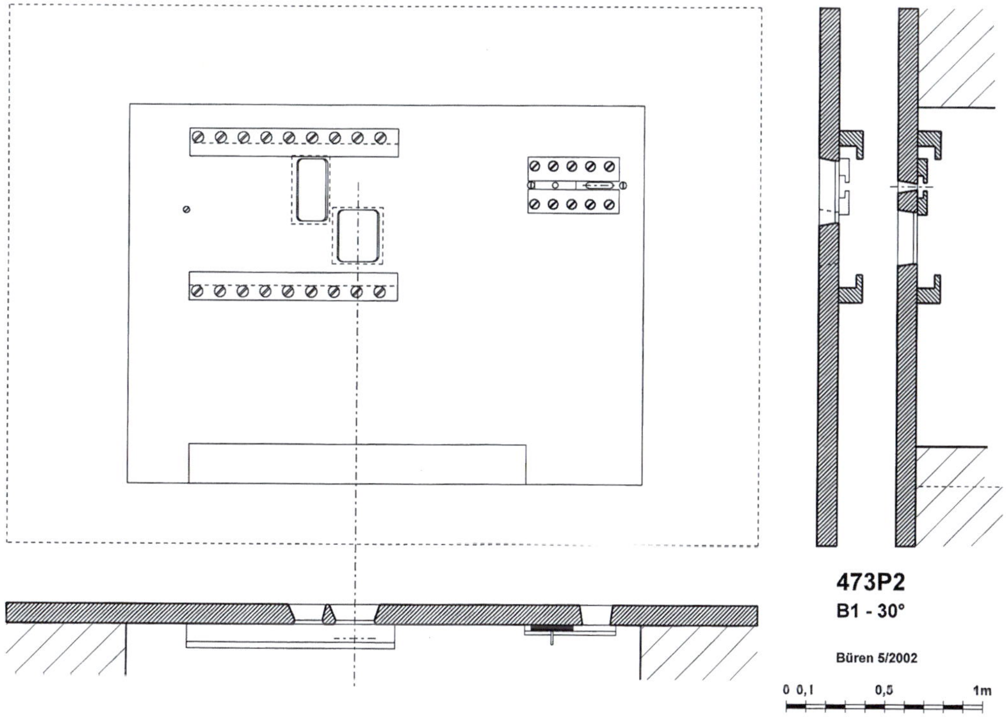

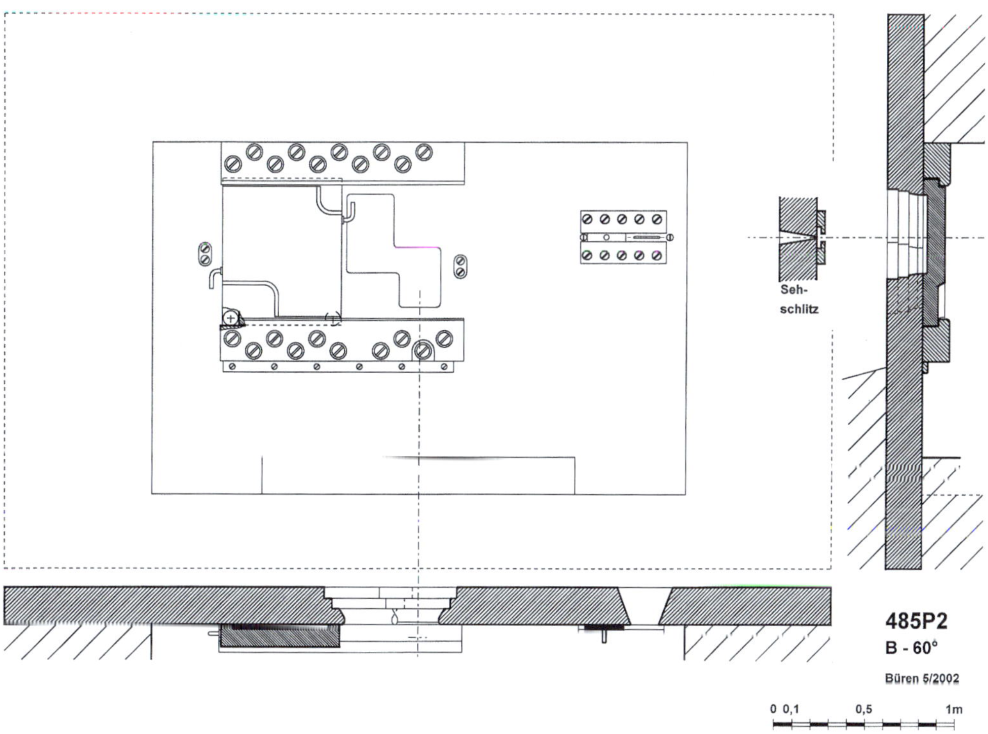

Panzerschartenplatte für Pak-Stände in B, 60°, Modell 485P2.
Zeichnung MB

Saarbrücken, Hohe Wacht: Pak-/MG-Stand im Bau, März 1940. Im Vordergrund bewegliche Stacheldrahthindernisse, so genannte *Spanische Reiter*.

Die Festungspioniere entwickelten zwei Regelbauten für diese Waffe im Westwall: Den *Regelbau 139* als Doppelschartenstand für Pak und Zwillings-MG 37(t) und den *Kriegsregelbau 506* nur für Pak. Die erste Serie der *Pak 4,7 cm 36(t)* mit 250 Exemplaren kam noch ohne koaxiales MG, die zweite Serie mit *MG 37(t)*.

Eine außergewöhnliche Entwicklung war der *5 cm Pak-Drehturm* mit 60 Kaliber Rohrlänge, ein Pak-Automat mit Sechs-Schuss-Magazin für Feuerstöße. Zwölf Exemplare wurden in den *Panzerstärken B, A1* und ein Stück in *A* hergestellt. Der Westwall erhielt, nach heutigem Erkenntnisstand, keine dieser Waffen. Wo die zwölf Exemplare geblieben sind, ist nicht bekannt. Sollten wirklich alle den Weg in den Hochofen angetreten haben? Für Hinweise jeder Art ist der Autor sehr dankbar.

5 cm Maschinengranatwerfer M 19

Ausschließlich *B-Werke* erhielten den *Maschinengranatwerfer M 19*, eine Entwicklung der Firma Rheinmetall obwohl zwei Regelbau-Typen für *M 19* zur Verfügung standen. Er wurde mit Laderahmen für je sechs 5 cm Wurfgranaten gespeist und konnte eine theoretische Feuergeschwindigkeit von 120 Schuss pro Minute erreichen. Das kleine Kaliber konnte durch die Masse der verschossenen Granaten wettgemacht werden – im Grunde handelte es sich um den Vorläufer der modernen Maschinengranatwerfer oder Granatmaschinenwaffen. Bei einer Reichweite von 500– 600 m stellte er eine sehr wirkungsvolle und fast unverwundbare Waffe dar, da seine Kuppel weitgehend deckengleich eingebaut und gut geschützt war. Eine einzige Kuppel für einen *Maschinengranatwerfer M 19*, das *Modell 424Po1* mit Sockelring ist im *B-Werk Besseringen* des Westwalls erhalten.

Festungsnahkampfgerät FN

Unter dieser Bezeichnung verbirgt sich ein um 360° drehbarer Festungsflammenwerfer (daher auch die alternative Bezeichnung *Festungsnahkampfgerät FN*), der bei einem Flammstoß 120 l Flammöl 60–70 m weit ausstoßen konnte. Angreifende US-Truppen hatten nach Einsatz dieses Flammwerfers bei Bitburg und Zweibrücken größten Respekt vor dieser Waffe. Ingesamt 2500 l betrug der Flammölvorrat eines *B-Werkes*.

Festungsartillerie

Die Artillerie sollte im Westwall auf zweierlei Art und Weise wirken:

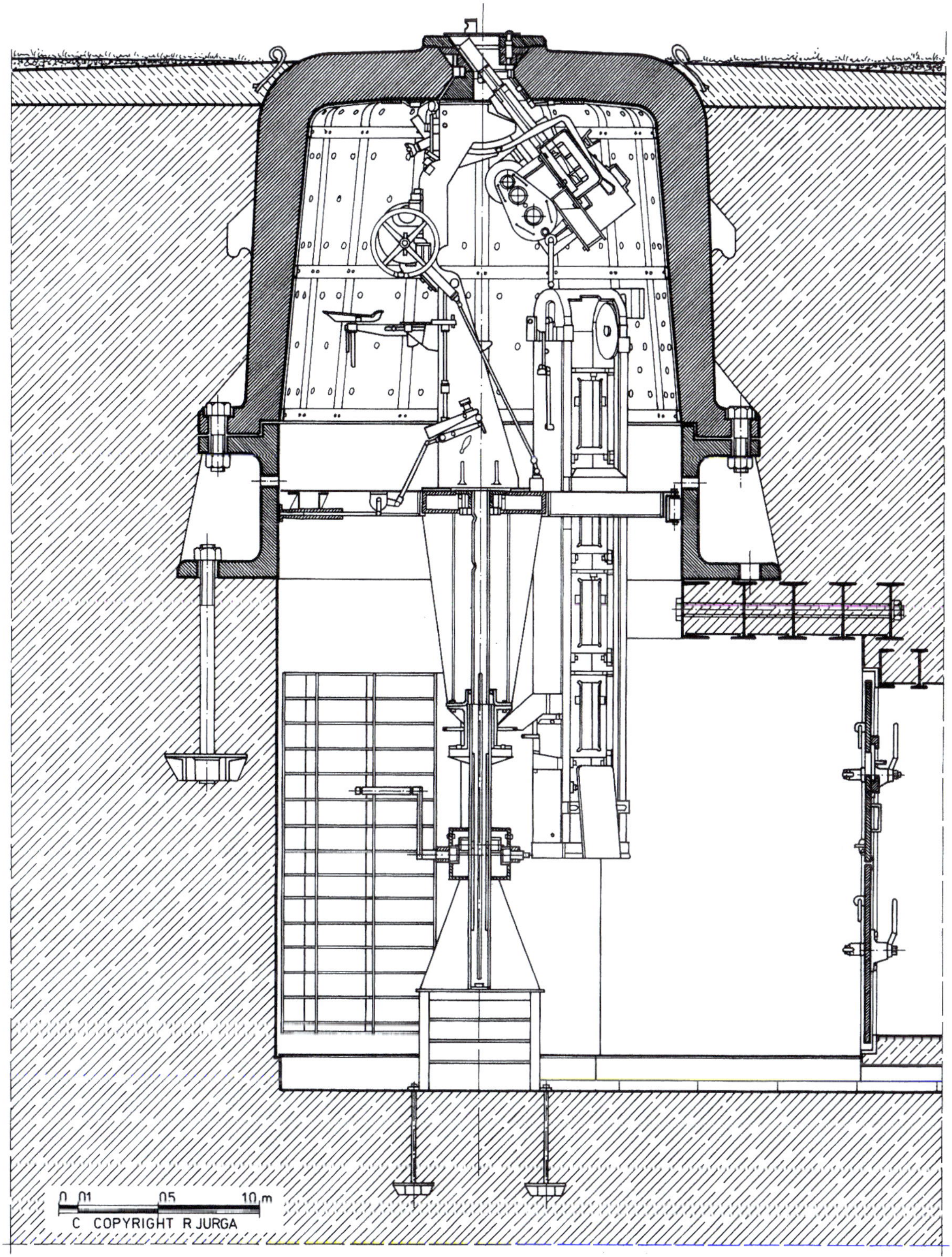

B-Werk: Maschinen-granatwerfer M19, Modell 424Po1.
Zeichnung RJ

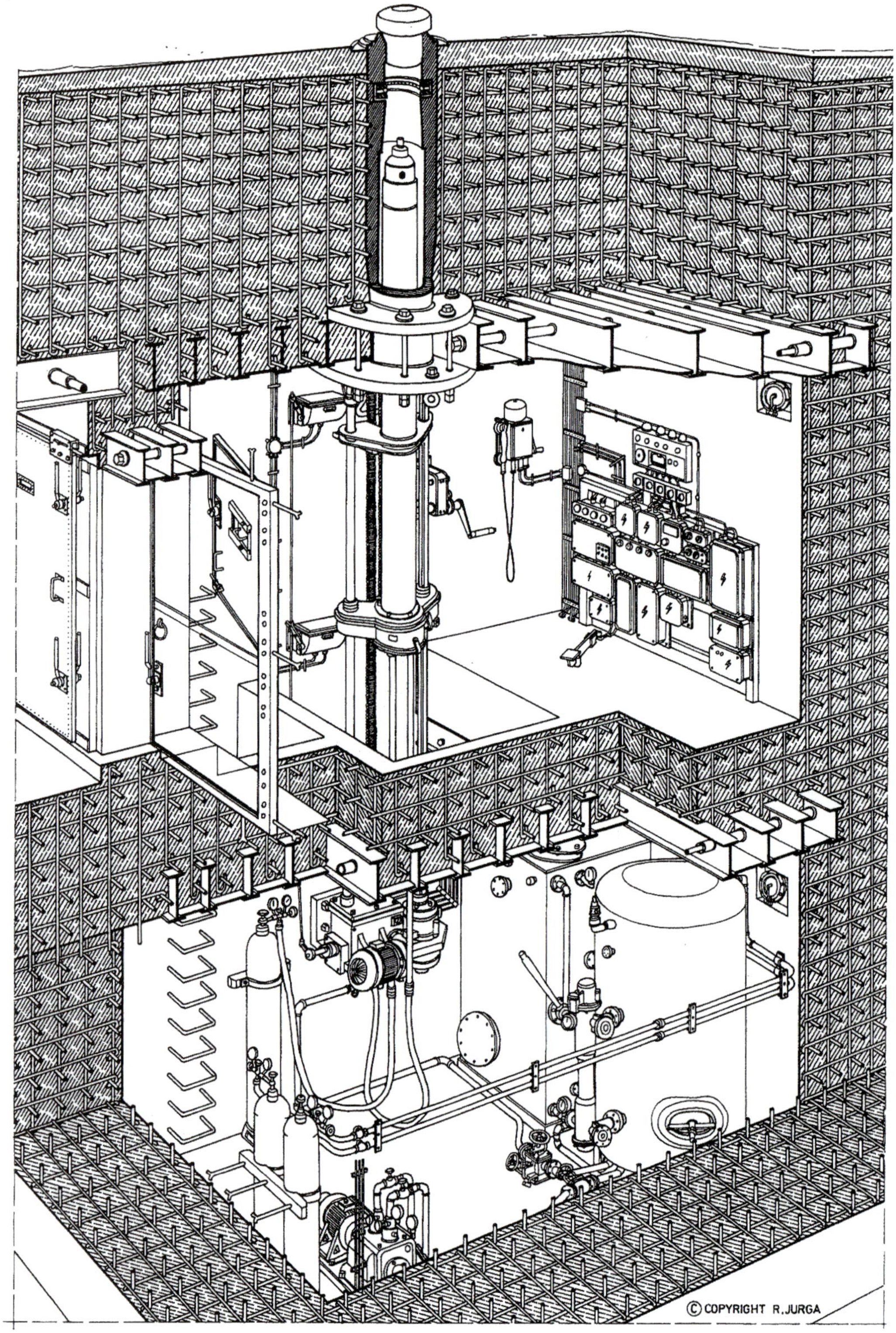

B-Werk: Flammenwerfer (Festungsnahkampfgerät), Modell 420P9. Zeichnung RJ

1. In der Hauptkampflinie (HKL) aus verbunkerten Geschützständen. Geschütze mit geringer Reichweite, wie das *7,5 cm Infanteriegeschütz 16,* bestrichen das Festungsvorfeld; es wurde aber auch die legendäre *8,8 cm-Flak* zur Panzerabwehr im direkten Beschuss eingesetzt.
2. 10 bis 15 km hinter der HKL bezog die mittlere Artillerie *(10,5 cm leichte Feldhaubitze 18)* verbunkerte Stellungen, während die schwere Artillerie (ab 15 cm) offene Feldstellungen bezog, wobei Bedienmannschaften und Munition in Bunkern untergebracht wurden. 24 *Regelbauten 516* (so genannte *Einheitsgeschützschartenstände* für alle Kaliber von 7,5 bis 15,5 cm) wurden errichtet. Drei davon können im *Westwall-Artillerie-Museum Bad Bergzabern* besichtigt werden.

Schartenfront eines Artilleriebunkers 1940.

Rückseite eines Artilleriebunkers bei Landau 1940.

6. Die Nachrichtenverbindungen

Die Nachrichtenübertragung stellten das *Festungsfernsprechnetz,* Funkgeräte und Melder sicher. Mit wenigen Ausnahmen verfügten alle Bunker, minierten Anlagen und Hohlgangssysteme über einen Anschluss an das *Festungskabelnetz.* Dessen mehrere Zentimeter starke Kabel waren 2–4 m tief eingegraben und mit schachbrettartig im Gelände verteilten Fernsprechvermittlungen verbunden. Diese Kleinstbunker verfügten über mehrere Kabelendverschlüsse, über die Verbindungen zu anderen Bunkern hergestellt werden konnten. Bis 1939 konnten die Festungsbesatzungen – mit Ausnahme der *B-Werke* - nur außerhalb der Bunker funken. Bauwerke des Bauprogramms 1939/1940 besaßen im Eingangshof eine Halterung zur Befestigung einer Funkantenne. Eine weitere Möglichkeit zum Funken ergab sich durch den Einbau einer Behelfsfunkantenne, die durch die Scharte der Eingangsverteidigung in den Eingangshof geführt wurde. Sollten beide Verbindungen unmöglich sein, konnten Melder und Signalmittel eingesetzt werden. Versuche mit Meldehunden und Brieftauben brachten nicht den gewünschten Erfolg und wurden bald eingestellt.

Unterstand für Fernsprechvermittlung in Bischmisheim /Saar 2000.

7. Die Festungsoptiken

Die Bunkerbesatzungen des Westwalls verfügten über eine große Anzahl verschiedenster optischer Geräte. Führend in der Herstellung dieser Optiken waren die Firmen Carl Zeiss Jena (blc) und die Firma Busch in Rathenow (cxn).

Sechs verschiedene Hauptgruppen von Optiken kamen im Westwall zum Einsatz:

1. Panzer-Zielfernrohre

Das *Pz.ZF1* mit 2,5-facher Vergrößerung ist ein Winkel-Zielfernrohr mit Strichplatte und Beleuchtung. Es wurde in alle *Schartenlafetten 34*, in MG-Kuppeln und hinter der *Panzerplatte 78P9* eingesetzt. Es handelt sich um das am meisten verwendete Zielfernrohr des Westwalls. Vorkriegsmodelle

Schartenlafette 34 mit MG 34 und eingebautem Panzerzielfernrohr 1 im Dreischartenturm Schwalbach (1999).

waren brüniert, die Kriegsmodelle lackiert. Von ihren sieben verschiedenen Pz.-Zielfernrohr-Typen setzten die deutschen Streitkräfte außer dem *Pz.ZF1* nur noch das *Pz.ZF5* im Westwall ein, und zwar in den Kuppeln des *Maschinengranatwerfers M 19.*

2. Panzer-Rundblickzielfernrohr

Von drei Modellen kam nur das *Pz.RblZF3* mit 2,5-facher Vergrößerung in den *M19*-Kuppeln zu Einbau.

3. Panzer-Beobachtungsfernrohre

Das *Pz.B.F.1* mit zehnfacher Vergrößerung und binokularem Einblick war das Werkzeug der Artilleriebeobachter in den Kuppeln der *Panzerstärke A*, wie z.B. im *Turm Dollmann* im Isteiner Klotz.
Hier konnte der sitzende Beobachter mit Fußpedalen den Kuppelboden mit Optik nach rechts oder links um 360° drehen. Gleiches galt für das *Pz.B.F.2* in *B-Türmen.* Diese Optik war um ca. 30 cm kürzer als das *Pz.B.F.1.*

Panzer-Beobachtungsfernrohr 2 für Artilleriebeobachtungstürme mit binokularem Einblick.

Panzer-Beobachtungsfernrohr 5 für Artilleriebeobachtungstürme mit binokularem Einblick vor einer 7,5 cm-Pak 40.

4. Panzer-Rundblickfernrohre

Es standen sieben Modelle für verschiedene Aufgaben zur Verfügung. Mit Rundblickfernrohren wurden Drei- und Sechsschartentürmen der *Panzerstärke A1, 40P8, Panzerstärke B, 20P7, 60P8* sowie *Panzerstärke B1, 35P8* und *61P8* bestückt. Durch die Mitte der Turmdecke führte der Optikschacht, durch den sich der Ausblickkopf aus Leichtmetall ca. 25 cm ausfahren ließ. In der Kuppelbodenmitte war eine Optikkonsole montiert, in der die Optik mit zwei Klemmbacken gehalten wurde. Dank eines Gegengewichts im Inneren der Konsole ließ sich die Optik schnell ein- und ausfahren. Ein Handrad diente zum Drehen um 360°. Ein schwenkbares Ausblickprisma erlaubte das Einsehen eines großen Geländewinkels. Bei Beschädigung ließ sich der Ausblickkopf mit wenigen Handgriffen demontieren und austauschen. Die Benutzung dieser Optik wurde bei den Kämpfen 1945 verboten: Ein ausgefahrenes Rundblickfernrohr verriet den Amerikanern sofort, dass die Kuppel besetzt war.

Das ausgefahrene Rundblickfernrohr im Dreischartenturm 61P8.

Panzer-Rundblickfernrohr 5a mit 5 facher Vergrößerung, eingefahren in der Optikkonsole eines Dreischartenturmes 61P8. (Aufnahme von 2000).

5. Panzer-Beobachtungswinkelfernrohre

Zwölf *Pz.B.W.F* wurden entwickelt, um in den verschiedensten Panzerbauteilen zum Einsatz zu kommen. Bei Winkeloptiken wird mit dem Eindrücken der Stirnstütze eine Blende aus dem Strahlengang geschwenkt. Erste Modelle hatten nur eine einfache Vergrößerung und einen starren Ausblickkopf. Stark verbesserte Modelle der Fa. Busch hatten

Zwei Panzer-Beobachtungs-winkelfernrohre 8 für Panzerstärke B (Fa. Busch) mit Transportkiste.

Panzer-Beobachtungswinkelfernrohr 6 (Fa. Busch) für A-Panzertürme.

Panzer-Beobachtungs-Winkelfernrohr 12 (Fa. Busch) für B1-Türme.

Panzer-Beobachtungswinkelfernrohr 9 (Fa. Busch) in einer Panzerplatte 78P9 eingebaut.

eine 2,5-fache Vergrößerung und einen schwenkbaren Ausblickkopf mit je 1260 Strich oder 75° nach rechts und links. Das Okular konnte + / - sieben Dioptrien eingestellt werden. Eine Strichplatte und eine Beleuchtung ergänzten diese Konstruktion. Drei Optiken mit Zubehör ließen sich in einer Blechkiste transportieren. Auch hier konnte der Ausblickkopf leicht ausgewechselt werden. Eine besondere Optikpanzerung schützte die Optik vor Beschuss und Splittern. In der *Infanteriebeobachtungs-Kleinstglocke 90P9* wurde ein *Pz.B.W.F. 5a* auf einem Schwenkarm montiert und konnte so zu jedem Beobachtungsschlitz geschwenkt werden.

Dreischartenturm 407P9 mit Zeiß-Winkelfernrohren

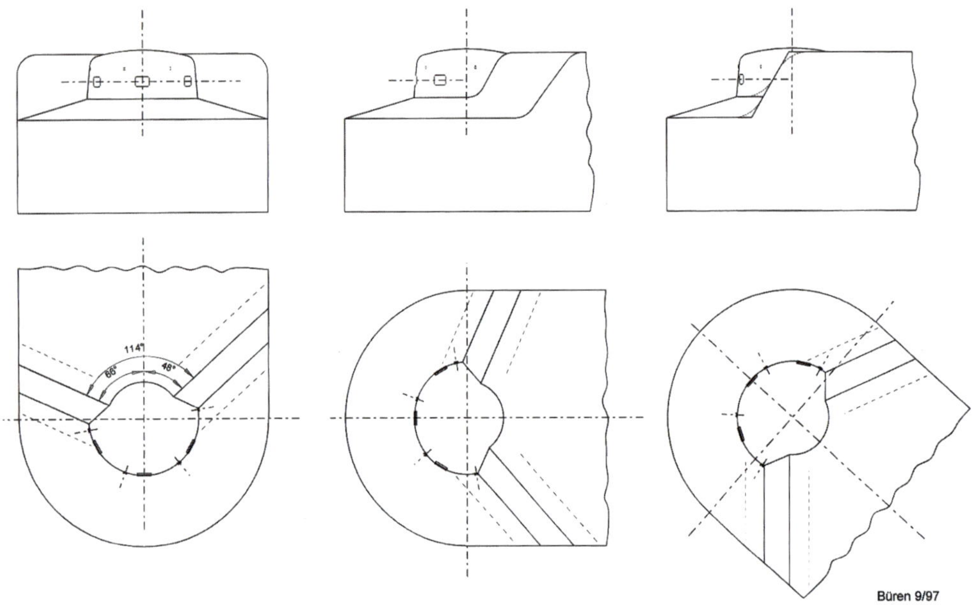

Dreischartenturm 407P9 mit Zeiss-Winkelfernrohren. Zeichnung MB

Dreischartenturm 407P9 mit Busch-Winkelfernrohren

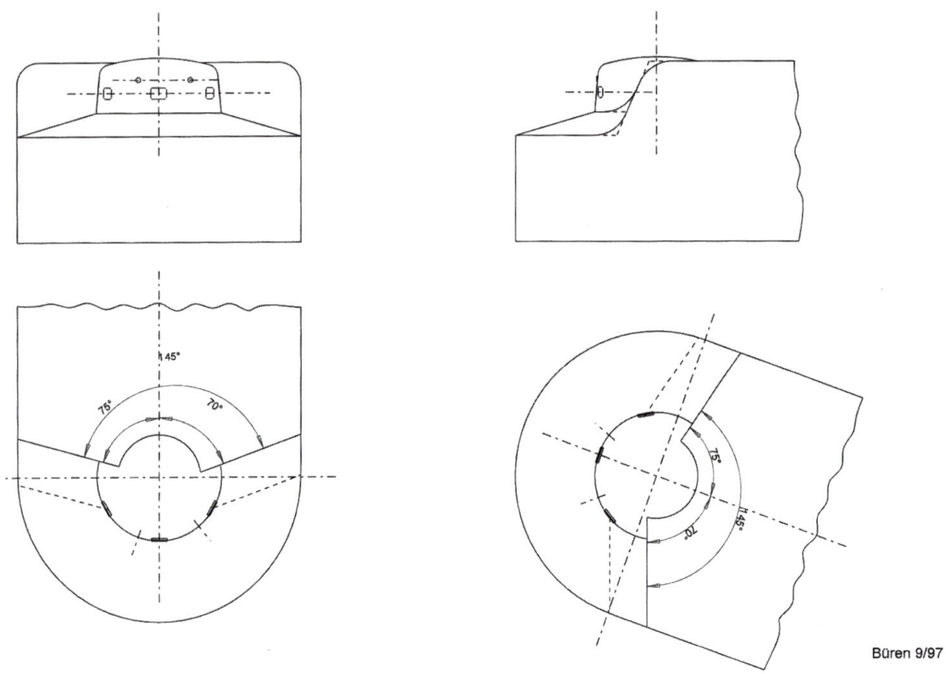

Dreischartenturm 407P9 mit Busch-Winkelfernrohren. Zeichnung MB

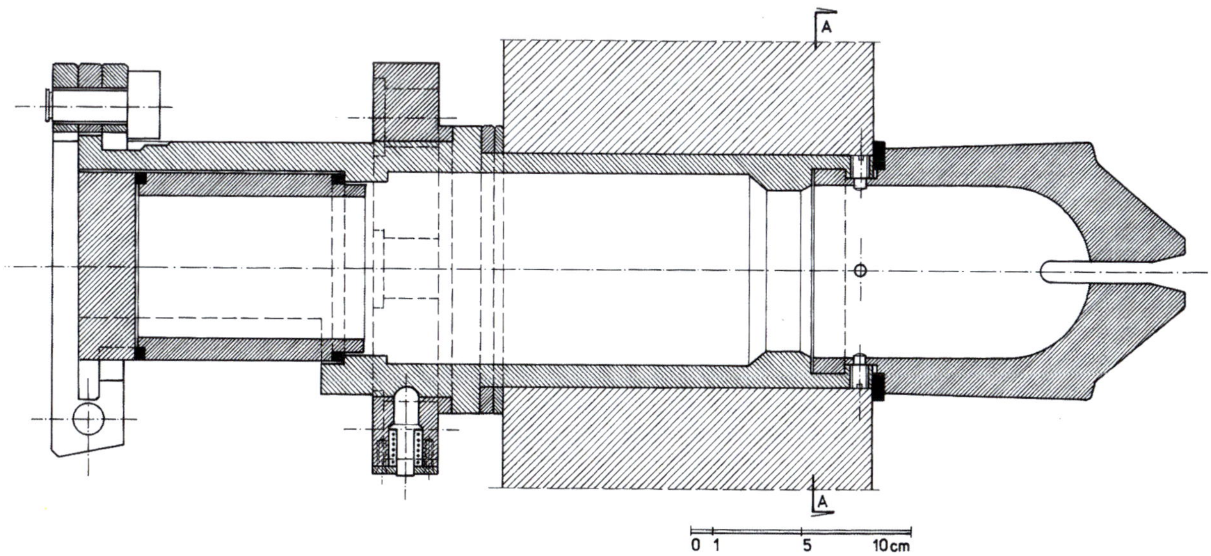

Optikpanzerung für Busch-Winkelfernrohr 8, Schnitt. Zeichnung RJ

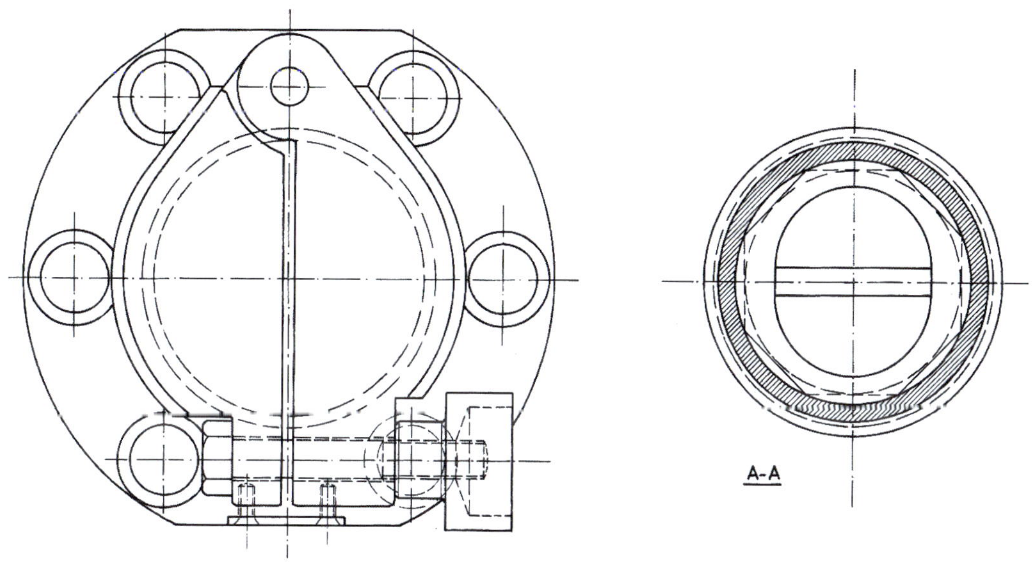

Optikpanzerung für Busch-Winkelfernrohr, Optikschacht-Verschluss. Zeichnung RJ

6. Sehrohre

Sieben Typen von Sehrohren mit unterschiedlichsten optischen Längen für die verschiedenen Deckenstärken standen am Westwall zur Verfügung. Das *SR2* war für 1,20 m bis 1,50 m starke Decken geplant. Auf ihrem Sehrohrgestell ließ sich diese Optik mit 2½-facher Vergrößerung um 360° drehen. Der Ausblickkopf ließ sich, dank des schwenkbaren Ausblickprismas + / - 15° in der Höhe ausrichten. Die Modelle *SR9* bis *SR15* verfügten zudem über Blendgläser und beleuchtete Strichplatten. Bauten der *Ausbaustufe B neu* (2 m Decke) erhielten ein Stahlgussführungsrohr in die Decke einbetoniert. Bei ausgebauten *SR* konnte dieses Rohr mit einem gasdichten Sehrohrschachtverschluss verschlossen werden.

Sehrohr 4a (Notoptik) für MG-Türme.

Panzer-Beobachtungswinkelfernrohr 3 von Zeiss für B1-Türme

7. Sonstige Optiken

Die Notoptik *Sehrohr 4a* wurde in Panzerkuppeln bereit gehalten, um beim Ausfall der Hauptoptik weiter beobachten zu können. Das kleine, handliche Gerät mit 2,5-facher Vergrößerung ließ sich aus drei Baugruppen zusammensetzen. Hersteller: Firma Dr. F.A. Wöhler Optische Werke in Kassel.

8. MG-Zieleinrichtungen

Alle alten Schartenplatten mit Schieberverschluss, mit *Schartenlafette 08* sowie die Schartenkuppeln aller Art mit Schieberverschlüssen, erhielten als MG-Zieleinrichtung das *ZF12* der Fa. Busch. Bei Verwendung des *Gewehrträgers 34* wurde die *MG-Zieleinrichtung 34* auf die Lafette aufgesteckt. Mit dieser Optik war direktes oder indirektes Ausrichten der Waffe möglich.

9. Pak-Zieleinrichtungen

Bei beiden im Westwall eingesetzten Pak (deutsche 3,7 cm und tschechische 4,7 cm, siehe Seite 153/54) wurden die üblichen Zieloptiken an der Waffe befestigt. Besondere Optiken wurden nicht entwickelt.

In der Pak Kasematte 29P8 wurde das Pz. ZF2 für den Richtkanonier an der Waffe befestigt. Dieses Zielfernrohr hatte eine 2 1/2-fache Vergrößerung bei 28° Sehfeld.

10. Scherenfernrohre

Das *S.F.14.Z* mit zehnfacher Vergrößerung wurde in den *Regelbauten 509* (behelfsmäßige Artilleriebeobachter) unter der *Deckenplatte 7P7* eingebaut. Ebenso in einem so genannten *Splitterschutzkasten* des *»Limes«-Regelbaus 19* und anderen offenen Beobachtungseinrichtungen.

8. Sperren und Hindernisse

Nachdem die Bunker bereits eingehend klassifiziert und beschrieben worden sind, widmet sich dieser Abschnitt dem Bunkervorfeld, das Teil des Festungskampffeldes ist.

Grundsätzlich wird zwischen räumlich begrenzten Sperren und großflächigen Hindernissen unterschieden. Erstere haben die Aufgabe, wichtige Verkehrswege so zu sichern, dass sie leicht geöffnet oder geschlossen werden können. Großflächige Hindernisse, meist als Doppelanlage konstruiert, dienen dagegen zum Schutz des Festungskampffeldes gegen feindliche Panzerwagen und Infanterie.

Die Anlage (permanenter) Hindernisse unterliegt dem obersten Grundsatz:

»Jedes Hindernis kann beseitigt werden und jedes Hindernis ist nur so gut wie seine Sicherung.«

Hindernisse müssen so angelegt werden, dass sie die Wirkung der eigenen Waffen nicht behindern. Am Westwall wurden sie mindestens 30–50 m vor den eigentlichen Bunkeranlagen errichtet. Die Sicherung der Hindernisse erfolgte am wirkungsvollsten durch flankierendes Feuer. Diese Sicherung beinhaltete den infanteristischen Schutz vor Spreng-, Räum- oder Sabotagetrupps des Gegners und ebenso den Panzerabwehrschutz gegen angreifende Panzerwagen oder Räumfahrzeuge. Die Hindernisse sollten den Gegner zwingen, in einen bestimmten Abschnitt auszuweichen, der gut verteidigt werden konnte, so z.B. in Bunkerwirkungsbereiche, oder mit Minen gespickt war.

Nach dem Frankreichfeldzug ließ die Wehrmacht zahlreiche Hindernisse abbauen, um der Landwirtschaft wertvolle Nutzfläche zurückzugeben. So waren 1944/1945, als es »ernst wurde«, nur noch die permanenten Hindernisse vorhanden. Die Minenfelder waren geräumt und die Drahthindernisse abgebaut worden. Aus Mangel an Material, Personal und Zeit ließ sich der Außenschutz der Bunkerlinien nicht mehr umfassend bewerkstelligen. Allerdings konnten Pioniere noch zahlreiche

Hinweisschild auf ein Minenfeld im Vorfeld des Westwalls, 1939.

Infanteriehindernisse am Ostufer der Saar bei Saarbrücken, Winter 1939/40.

Minenfelder anlegen. Viele von Parteiführern (die mit Aufstellung des Volkssturms 1944 auch militärische Befehlsgewalt erhielten) im Rahmen der Reichsverteidigung angeordnete Maßnahmen, wie z.B. die Anlage von Panzergräben, waren gut gemeint, militärisch gesehen aber sinn- und nutzlos. Oftmals mischten sich die Parteiführer in ihrer Eigenschaft als Volkssturm-Befehlshaber in Angelegenheiten der Wehrmacht ein oder bevormundeten die Militärs.

Im Westwall verwendete Sperren und Hindernisse

1. Zäune

Die wohl einfachste Sperre stellte der schon aus dem Ersten Weltkrieg bekannte so genannte **Flandernzaun** dar. Es handelt es sich um eine durch seitliche Abspannungen verstärkte Variante des einfachen *Koppelzaunes*. Zum Bespannen der Holzpfähle wurde *leichter Festungsstacheldraht* verwendet. Die Sperre ließ sich durch den Einbau mehrerer Stacheldrahtrollen verstärken.

Eine Steigerung der Sperrwirkung erbrachte das über 6 m breite und am Scheitelpunkt 1,35 m hohe **Flächendrahthindernis.**

Auch **Elektrozäune** wurden versuchsweise in Teilabschnitten eingebaut. Hier konnte eine Spannung von 1500-3000 Volt eingespeist werden. Aus Gründen der Haltbarkeit wurden Hunderttausende Metallpfähle, größtenteils verzinkt, verwendet. Teils als Schraubpfähle, die wie Korkenzieher in den Boden gedreht werden konnten oder als so genannte *Plattenhindernispfähle* in der Höhe von 1,25 m, 1,75 m und 3,00 m. Hinzu kamen noch einige andere Konstruktionen verschiedenster Bauart.

2. Träger- und Trägersecksperren

Um ein Umfahren einer Straßen- oder Eisenbahnsperre zu verhindern, wurden eiserne Doppel-T-Träger in Feindrichtung geneigt, seitlich versetzt angeordnet und zu mehreren Reihen gestaffelt einbetoniert. Um die Fahrbahn jederzeit schnell sperren zu können, wurden senkrechte Schächte in der Straße eingebaut, die mit gusseisernen Deckeln verschlossen waren. In diese Schächte konnten dann schwere Doppel-T-Träger eingestekkt werden.

3. Drehschrankensperren

Hier gab es zahlreiche Ausführungen in verschiedenen Schutzklassen. Die leichteste Ausführung

Dreizügige Schrankensperre in einem Höckerhindernis, 1939. FD

Schrankensperre einer Höckerlinie bei Lammersdorf 1993.

war die einarmige *Drehschranke,* deren Lager und Widerlager aus massiven Stahlträgern bestanden. Der Schwenkarm aus Stahlrohr war mit einem dikken Stahlseil im Rohr verstärkt. Rastete der Arm im Widerlager ein, ließ sich die Schranke nur mittels eines Sonderschlüssels wieder öffnen. Des Weiteren gab es dreiarmige Drehschranken. Eine weitere, verstärkte Ausführung mit Lager und Widerlager aus Eisenbeton bestand aus zwei massiven und miteinander verschweißten Doppel-T-Trägern. Eine Laufrolle verhinderte ein Ausschlagen der Scharniere. Diese Widerlager sind heute noch teilweise erhalten, die Träger wurden verschrottet.

4. Panzermauern

Diese Bauten sollten einen Geländeabschnitt gegen Panzer sichern. Die Ausführung *Panzerabsturzmauer* war so angelegt, dass der angreifende Panzer diese Vorderhangmauer nicht erkennen konnte und so mehrere Meter in die Tiefe stürzte. Die etwa 1 m starken Mauern bildeten Teilstücke von durchlaufenden Hindernissen, wie Höckerlinien und/oder nasse Panzergräben. Bei Aachen, Saarburg, Saarbrücken und im Bienwald bei Karlsruhe sind noch mehrere Hundert Meter Panzermauern erhalten.

5. Nasse Panzerabwehrgräben

In Abschnitten mit hohem Grundwasserspiegel wurden Gräben von 8 bis 15 m Breite so tief ausgehoben, bis die Grundwassersohle erreicht war und sich der Graben mit Wasser füllte. Diese Anlagen zur Panzerabwehr finden sich heute z. B. noch im Bliestal im Saarland, bei Waldmohr an der A6 und bei Steinfeld in der Südwest-Pfalz.

6. Höckerhindernisse

Die von den US-Truppen als »Drachenzähne« bezeichneten Höckerhindernisse sind das Synonym für den Westwall schlechthin. Drei Versionen wurden im Westwall errichtet. Das vierreihige *Modell 1938* mit einer Breite von 7,35 m hatte eine Panzersicherheit (so der Fachausdruck) gegen Fahrzeuge bis 20 t. Insgesamt wurden im Bereich

Höckerlinie Modell 1939 bei Orscholz (Aufnahme von 1989).

der Luftverteidigungszone 91,67 km Höckerlinie angelegt. Ein gut erhaltenes Teilstück befindet sich bei St. Wendel. Das sechsreihige, 13,45 m breite *Modell 1939* sorgte für Panzersicherheit bis 36 t. Hiervon wurden 76,18 km angelegt. Die in der HKL gebauten Teilstücke des *Modells 1938* wurden teilweise um drei Höckerreihen verstärkt. Damit erreichte man eine Gesamtbreite von 19,35 m mit einer Sicherheit gegen Panzerfahrzeuge aller Gewichtsklassen. Ein teilweise erhaltenes Hindernis ist in Steinfeld (Rheinland-Pfalz) erhalten.

Durchlässe durch die Höckerlinie, etwa an wichtigen Straßen, waren durch feindseitig bogenförmig ansteigende Betonsperren gesichert, die mit fünf schweren Stahlträgern verschlossen werden konnten.

Ein Sechsschartenturm (ganz im Hintergrund) sichert eine Höckerlinie bei Steinfeld 1940.

Höckerhindernis Modell 1939 bei Saarbrücken 1939.

Höckerhindernis Modell 1939 vor dem Schlafhaus in Saarbrücken/Brebach.

Notbrücke über die Höckerlinie auf dem Winterberg bei Saarbrücken, Januar 1941

Straßensperre in der Höckerlinie bei Saarlautern 1940.

Höckerhindernis »Modell 38 verstärkt« bei Steinfeld in der Südpfalz. Heute noch erhalten.

Feindseite eines Hemmkurvenhindernisses, Winter 1939/40. FD

Freundseite des Hemmkurvenhindernisses.

7. Hemmkurvenhindernis

Diese 1937 entwickelte, 5,70 m breite Konstruktion sollte mittlere Kampfwagen bis 36 t aufhalten. Stahlbögen wurden auf Stahlschwellen montiert, erhoben sich feindseitig flach und steil bis zu 2,33 m nach oben. Auffahrende Panzer sollten so ihre schwach gepanzerte Unterseite als Ziel bieten. Ein laufender Kilometer des *Typs 388S01* verfügte über 176 Bögen mit insgesamt 500 t Gewicht und kostete etwa 145.000 Reichsmark. Eine leichtere Version mit 305 t pro km war auf Betonschwellen montiert und kostete pro km 110.000 Reichsmark. Oftmals zu Gunsten des Atlantikwalls abgebaut, sind heute keine Hemmkurven mehr erhalten.

8. Sonstige Hindernisse

Die Beschreibung aller verwendeten Hindernisse würde den Rahmen dieses Buches sprengen, weshalb sich diese Auflistung auf wenige Beispiele beschränken muss.
1938/39 wurden große Mengen an Hindernissen aus tschechischen Arsenalen an den Westwall transportiert. Bekanntestes Hindernis dieser Herkunft ist der so genannte *Tschechen-Igel*, ein aus drei Trägern zusammengesetztes mobiles Hindernis. *Baumpfahlsperren* kamen wegen ihres geringen Schutzwertes nur begrenzt zum Einsatz.

Baumpfahlsperre bei Düppenweiler/Saar, Winter 1939/40.

Anhang

Erklärung der Ziffern und Symbole der Zeichnungen

A) Ziffern

1	Entgiftungsnische / Trockentoilette
2	Gasschleuse
3	Bereitschaftsraum
4	Flankierende Anlage
5	Verbindungsgang
6	Kampfraum
7	Beobachtungsraum
8	Munitionsraum
9	Verpflegungsvorrat
10	Unterstellraum für Pak
11	Lüfterraum
12	Kommandeur und Adjutant
13	Artillerieoffizier
14	Ordonnanzoffizier
15	Nachrichtenoffizier
16	Fernsprechraum
17	Geschäftszimmer / Bereitschaft
18	Funkraum
19	Bunkerkommandant
20	Hülsensammelgrube
21	Plan- und Rechenraum
22	Toilette
23	Treppenhaus
24	Hohlgangsanschluss
25	Granatenraum
26	Kartuschen und Treibladungen
27	Notausgang
28	Dreischartenkuppel
29	Sechsschartenkuppel
30	Eingangsüberdeckung
31	Geschützraum
32	Pak-Geschützraum
33	Bereitschafts- und Kampfraum
34	MG-Stand
35	Raum zur besonderen Verwendung
36	Ruheraum
37	Ausweichnische

B) Symbole

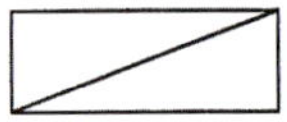	Bett einfach
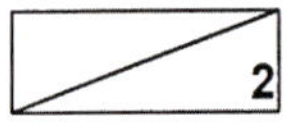	Bett zweistöckig
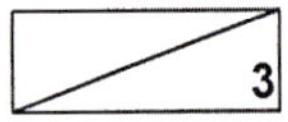	Bett dreistöckig
	Ofen
	Lüfter HES 1,2
	Lüfter HES 2,4
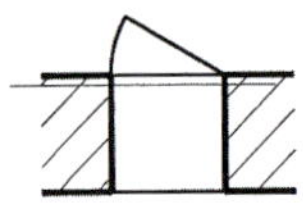	Blechtür
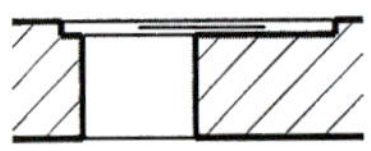	Schiebetür
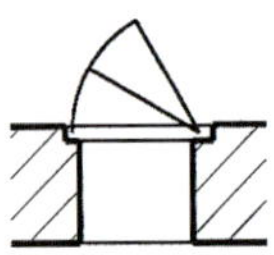	Panzertür (hier zweiflügelig)
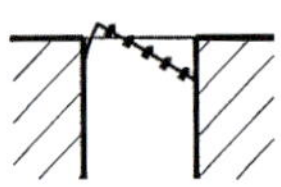	Gittertür
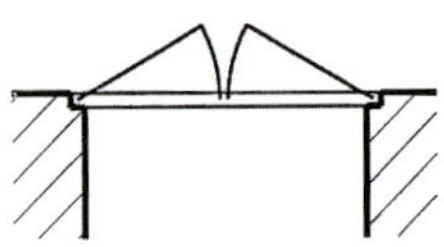	Panzertor für Pak
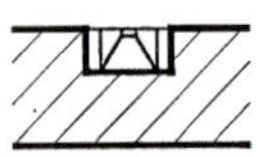	Starkstromnische
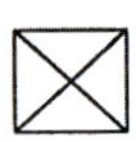	Niedergang
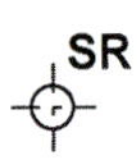	Sehrohr
	Fernsprecheranschluss

Ausgewählte Besichtigungsobjekte

Im Hinblick auf die Aktivitäten der Bundesvermögensämter werden hier nur Anlagen beschrieben, die öffentlich oder privat besichtigt werden können und nicht Gefahr laufen, abgebrochen oder übererdet zu werden. Wie anderen Orts oftmals geschehen, wurden sehens- und erhaltenswerte Bunker nach einer Veröffentlichung in diversen Publikationen kurze Zeit später vernichtet.

Reiseroute von Süden nach Norden:

1. Neckar- Enz-Stellung

Der Arbeitskreis Bunkerforschung des Geschichtsvereins Bietigheim-Bissingen e.V. betreibt im Ortsteil Bissigen ein Bunkermuseum in einem *MG-Schartenstand mit Gruppe* aus dem Jahr 1935. Ein gut restauriertes Beispicl eines MG-Bunkers der Neckar-Enz-Stellung.
Kontakt: Till Kiener, Telefon: 07022 / 63088
EMail: Arbeitskreis–Bunkerforschung@hotmail.com.

Neckar-Enz-Stellung: Eingangsbereich des Museumsbunkers Ro 1. Till Kiener (2001)

Neckar-Enz-Stellung: Bereitschaftsraum im Museumsbunker Ro 1. Till Kiener (2001)

2. Westwall-Museum Bad Bergzabern

Dieses Museum besteht aus drei Einheitsgeschützständen *Regelbau 516*, von denen zwei restauriert wurden und besichtigt werden können. Beide Bunker sind vollständig mit originalen Ausrüstungsgegenständen ausgestattet. Auch die Geschichte des Westwalls der Region ist sehr gut dargestellt.
Kontakt: Hans Fuchsgruber, Telefon: 06398 / 367.

Westwall-Museum Bad Bergzabern: Regelbau 516 (Aufnahme von 2002)

Westwall-Museum Bad Bergzabern: Geschützraum mit einer leichten Feldhaubitze 18 im Regelbau 516, Bunker 4.

Westwall-Museum Bad Bergzabern: Protze der leichten Feldhaubitze 18.

Westwall-Museum Bad Bergzabern: MG 08 mit Schartenlafette 08 auf Untersetzkasten.

3. Westwall-Museum Hohlgangssystem Gerstfeldhöhe e.V.

Im ehemals größten Hohlgangssystem des Westwalls in Pirmasens, Ortsteil Niedersimten, befinden sich ein Westwallmuseum im Aufbau. Dieses System verfügt über eine untere Ebene mit 1000 m begehbaren Stollen. Dort sind zahlreiche Exponate, Fahrzeuge, Kanonen, ein Bunkermodell im Maßstab 1:1 und ein Turm des Panzerkampfwagens V Panther ausgestellt. Die obere Ebene mit 4500 m Länge ist nicht begehbar.

Hohlgangssystem Gerstfeldhöhe e.V.: Lkw-Einfahrt (1994).

Turm eines Panzerkampfwagens V Panther, wie er im Westwall eingebaut wurde. (Aufnahme von 1999).

4. Blieskastel, Ortsteil Lautzkirchen

Ein vom Autor 1990 erworbener *Regelbau B1/23,* Stand mit Dreischartenturm des Pionierbauprogramms von 1937. Dieser Bunker wurde in den Zustand versetzt, wie er 1937 aussah. Besichtigung nach Absprache.
Kontakt:
Jörg Fuhrmeister, Telefon: 06842 / 53305
EMail: Festungspionier@aol.com

Regelbau B1/23 mit Dreischartenturm 61P8 in Privatbesitz. Blieskastel 1986.

Der restaurierter Regelbau B1/23 mit Dreischartenturm 61P8. Blieskastel 2000.

5. Saarbrücken

Am Fuße des Halbergs befindet sich ein *Regelbau 108b* MG-Schartenstand mit MG-Kasematte, flankierender Anlage und Sehrohr (hier nicht eingebaut). Dieser Bunker der neuen Regelbauform von 1939 wurde in 15-jähriger Arbeit vom *Studienkreis Interfest e.V.* restauriert und in seinen ursprünglichen Zustand von 1939 versetzt. Hier ist die vollständige Ausstattung eines Westwall-Kampfbunkers zu sehen.
Kontakt: siehe Seite 184.

Im Museumsbunkers der Interfest e.V. (Regelbau 108b, MG-Kasematte). Saarbrücken 1985.

Am gleichen Ort 1999.

Museumsbunker der Interfest e.V. (Regelbau 108b): Frontalscharte mit Panzerplatte 78P9. Saarbrücken 2001.

6. Westwall-Museum Schwalbach e.V.

Zwischen Bous und Saarlouis gelegen befindet sich ein Stand mit Dreischartenturm, *Typ 60P8, Regelbau 111a.* Von dieser Dreischartenkuppel wurden zehn Exemplare hergestellt, der in Schwalbach blieb als Einziger im Westwall erhalten. Auch hier wurde die Einrichtung weitgehend wiederbeschafft und eingebaut.
Kontakt: Edgar Fischer, Telefon: 06834 / 52191.

Westwall-Museum Schwalbach e.V.: Regelbau 111a mit Dreischartenkuppel 60P8.

Westwall-Museum Schwalbach e.V.: Bereitschaftsraum Im Regelbau 111a (1998).

7. Westwall-Museum Düppenweiler

Hier hat der Kultur- und Heimatverein einen Gruppenunterstand der so genannten zweiten Linie des Westwalls in der Hilgenbachstellung restauriert. Es handelt sich um einen *Regelbau 10a* des »Limes«-Bauprogramms von 1938. Die Besonderheit dieses Bauwerks besteht in einem umlaufenden Treppenhaus als Hangsicherung. Der Bunker befindet sich am Ortseingang Düppenweiler, direkt an der Straße Richtung Nalbach.

Kontakt: Willi Muhm, Telefon: 0 68 32 / 650 oder *Kultur- und Heimatverein Duppenweiler e.V.* Telefon: 0 68 32 / 80 02 77

Westwall-Museum Düppenweiler: Linker Eingangsbereich (1996).

Westwall-Museum Düppenweiler: Eingangsüberdeckung (1996).

8. Museumsbunker Merzig / Bietzen

Ein in der Ortslage Bietzen befindlicher Gruppenunterstand mit angehängtem MG-Stand gemäß *Regelbau 10a* befindet sich zur Zeit im Ausbau zum Museum. Dieser typische Regelbau des »Limes«-Bauprogramms von 1938 wurde Anfang 1939 in *Ausbaustufe B* neu errichtet. Kampfspuren belegen, dass dieser Bunker bei Kriegsende von deutschen Truppen verteidigt wurde.
Kontakt: *Institut für Militärarchitektonische und Wehrbautechnische Studien (IMW)*,
Telefon: 0681 / 9509143 oder 06861 / 791294.

9. Westwall-Museum Panzerwerk 326 Merzig

Unter der ehemaligen Bundesstraße 51 verbirgt sich ein Eingangsbauwerk mit 12 m Hohlgang zu einem Stand mit Dreischartenturm *Typ 407P9* gemäß *Regelbau 110b.* Da dieses Bauwerk Jahrzehnte unter Wasser stand, ist die originale Einrichtung noch fast vollständig erhalten. Das Bauwerk wird ab Frühjahr 2005 regelmäßig geöffnet werden.
Kontakt: siehe Seite 184.

Projekt Westwall-Museumsbunker Panzerwerk 326 Merzig: Arbeiten am Eingangsbauwerk (2002).

Projekt Westwall-Museumsbunker Panzerwerk 326 Merzig: Dreischartenpanzerkuppel 407P9 innen (2002).

10. Museumsbunker Sinz

Im ehemaligen *Orscholzriegel* des Saar-Mosel-Dreiecks gelegen, befindet sich am Ortsrand von Sinz ein Kriegsregelbau gemäß *Regelbau 501* Gruppenunterstand. Dieser wurde in privater Initiative vollständig restauriert und wieder eingerichtet. Hier trifft der Besucher auf ein gutes Beispiel eines Kriegsregelbaus von 1940.
Kontakt: Sebastian Kirch, Telefon: 06867 / 761.

Museumsbunker Sinz: Eingangshof zum Gruppenunterstand R 501 (2000).

Museumsbunker Sinz: Bereitschaftsraum im Gruppenunterstand R 501 (2002).

11. B-Werk Besseringen

In Merzig-Besseringen befindet sich das einzige, ungesprengt erhaltene *B-Werk* des Westwalls. Das denkmalgeschützte Bauwerk ist von außen frei begehbar, eine Innenbesichtigung ist zur Zeit wieder möglich.
Auskunft gibt die Stadt Merzig, Kulturamt Telefon: 06861 / 2877
e-mail: Kulturamt-Merzig@t-online.de

B-Werk Besseringen: Freigelegter Eingangshof (2000).

B-Werk Besseringen: Innenraum der Sechsschartenpanzerkuppel mit nummerierten und farbig markierten Beobachtungs- und Wirkungsbereichen (1997).

12. Panzerwerk Katzenkopf in Irrel bei Trier

In einem teilgesprengten Werk, das als aufgelöstes *B-Werk* errichtet wurde (Hohlgang zu einen abgesetzten Sechsschartenturm und zur Brunnenkammer) befindet sich das älteste Westwall-Museum. Alle schweren Panzerbauteile fehlen, die unteren Etagen des Bauwerks sind gut erhalten und begehbar.
Kontakt: Alfred Geisen, Telefon: 06525 / 492.

Panzerwerk Katzenkopf: Eingangsbereich (1989).

Panzerwerk Katzenkopf: Verbindungshohlgang zum Sechsschartenturm (1988).

13. Sanitätsbunker 374 in Hürtgenwald-Kleinhau

Der *Geschichtsverein Hürtgenwald e.V.* ist zur Zeit mit der Restaurierung und der Wiedereinrichtung des Sanitätsbunkers gemäß *Regelbau 32* des »Limes«-Bauprogramms von 1938 beschäftigt. Auskünfte erteilt der *Geschichtsverein Hürtgenwald e.V.*, Telefon (Museum): 02429 / 902613, Sprecher des Vereins: Richard Lüssem Tel.: 02421 / 392294

Sanitätsbunker 374, ein »Limes«-Regelbau 32: Tarngebäude (1993).

Quellen

Bettinger, Dieter / Büren, Martin: Der Westwall: Die Geschichte der deutschen Westbefestigungen im 3. Reich. Band 1 und Band 2 (Technik des Westwalls), Biblio Verlag, Osnabrück 1990

Bundesarchiv-Militärarchiv Freiburg: Zahlreiche Dokumente zum Westwall, verschiedene Dienstvorschriften, z.B. D570 und Vorschrift für den Bau ständiger Befestigungsanlagen (B.st.B.), Topographische Karten 1:25.000, Signatur BM 11 III/187k

Bundesarchiv Koblenz: Bildbestand Westwall

Bundesvermögensamt Saarbrücken: Listen intakter Westwallanlagen im Saarland

Fuhrmeister, Jörg: Die Halbergstellung. Selbstverlag, Blieskastel 1998

Der Westwall im Bereich Bad Bergzabern. Selbstverlag, Blieskastel 1999

Westwallanlagen im Saar-Pfalz-Kreis. Homburg 1996

Der Bunker WH345. Die Geschichte eines Westwallbunkers an der Saar 1939–1999. Selbstverlag, Blieskastel 2000

Der neue Panzeratlas 1 und 2, Sonderheft vier und sechs der Fortifikation, Fachblatt des Studienkreises Interfest e.V., Neuauflage, Blieskastel 2001

Gander, Terry / Chamberlain, Peter: Enzyklopädie deutscher Waffen 1939–1945. Handwaffen, Artillerie, Beutewaffen, Sonderwaffen.* Motorbuch Verlag, Stuttgart 1999

Groß, Manfred: Der Westwall zwischen Niederrhein und Schnee-Eifel. Rheinland Verlag GmbH, Köln 1982

Landschaftsverband Rheinland / Rheinisches Amt für Denkmalpflege: Der Westwall: Vom Denkmalwert des Unerfreulichen. 2 Bände, verschiedene Autoren, 1997

Molt, Albert: Der deutsche Festungsbau von der Memel zum Altlantik. Podzun-Pallas Verlag, Wölfersheim-Berstadt 1993

Sünkel, Werner: Bunkerstellungen der Luftverteidigungszone West im Rheinland. Verlag Werner Sünkel, Leinburg 2001

Wein, Friedrich: Projekt Westwall, Baden-Württemberg, ohne Jahr

Zivilschutzamt Saarbrücken: Westwallanlagen, die als Zivilschutzanlagen in Nutzung sind

Außerdem:

Interfest Mitteilungen von Mitgliedern der Interfest e.V.

Kraft, Jürgen, Saarbrücken: Listen über die Einrichtungsgegenstände der ständigen Anlagen, Kosten der Beseitigung des Westwalls

Forschungsgruppe Westwall, Gerd Schmitz, Markus Wergen

* Ein Kapitel dieser umfassenden, reich bebilderten Gesamtdarstellung beschäftigt sich mit Festungswaffen.

Schlusswort

Mit Selbstbewußtsein und nationalem Stolz zeigen unsere europäischen Nachbarn heute Millionen Besuchern »ihre« Befestigungen. Vor allem die Hinterlassenschaft der deutschen Festungspioniere in Frankreich und Belgien, den Niederlanden und Dänemark sind touristische Hauptanziehungspunkte ganzer Regionen. Festungs- und Bunkerbesuche von Menschen aus dem In- und Ausland sind ein beachtlicher Wirtschaftsfaktor und zu Lohn und Brot für Tausende geworden.

Von ihrer naturräumlichen Schönheit einmal abgesehen: *Was wäre die Normandie heute ohne den 6. Juni 1944 – ein Landstrich ohne besondere Bedeutung und Anreiz!*

In Deutschland wird heute, nach der unsinnigen Sprengung der Westwallbunker 1946 bis 1950, eine systematische Beseitigung der wenigen noch vorhandenen Anlagen betrieben. Die Beseitigungsmaßnahmen haben bisher weit mehr Geld verschlungen als der Bau des Westwalls selbst.

So sieht eine Bunkerruine nach dem Abriss im Wald aus! Blieskastel 1997.

Auch unter ökologischen Gesichtspunkten ist die gegenwärtige Vorgehensweise mehr als nur fraglich: Ohne jegliche Rücksicht auf die Tier- und Pflanzenwelt werden halbe Wälder gerodet, um mit schwerstem Gerät an Ruinen zu gelangen. Selbst gegen die Widerstände von Grundstückseigentümern wird die »Macht des Staates« eindrucksvoll demonstriert, indem alles, was nach Bunker aussieht, rigoros und im wahrsten Sinne des Wortes »platt gemacht« wird.

Wir sollten zu unserer Vergangenheit stehen. Die Leistungen, die unsere Väter und Großväter erbracht haben, suchen in der jüngeren Geschichte ihresgleichen. Die Reste des Westwalls sind die sicht- und erlebbaren, in Beton gegossenen Zeitzeugen einer Epoche.

Abriss einer 3,5 m starken Bunkerdecke im Wald bei Blieskastel 1998.

Gruppenunterstand (Regelbau 501) bei Sinz nach 30 Jahren unter der Erde (1998).

Meist müssen zahlreiche Bäume gefällt werden, um eine Bunkerruine – wie diese hier bei Blieskastel 1999 – im Wald abreißen zu können.

Regelbau 114a (Sechsscharten-turm) bei Ensdorf nach der Freilegung zum Abriss 2000.

Die gleiche Anlage zwei Wochen später. Die unerfreuliche Tat dokumentierte zugleich die Wandstärke des Gebäudes und die »Durchdringung« mit Eisengeflecht.

Die Anlage nach neun Wochen – das Ergebnis einer »nutzbringenden Anlage« Zehntausender Euro an Steuergeldern ...